微生物菌群生态与人类健康

WEISHENGWU JUNQUN SHENGTAI YU RENLEI JIANKANG

孙 源◎著

化学工业出版社
·北京·

内容简介

本书介绍了微生物菌群生态与人类健康之间的关系，并探讨了微生物菌群在生物医学领域的应用前景。具体内容包括微生态平衡含义，肠道微生物的研究内容、研究方法，肠道菌群与代谢类疾病、消化类疾病、神经类疾病、人体免疫性疾病的关系，并着重阐述了益生菌的重要性、作用机理等内容。本书适合医学专业人员、公共卫生工作者及相关专业大专院校师生参考阅读。

图书在版编目（CIP）数据

微生物菌群生态与人类健康 / 孙源著. -- 北京 : 化学工业出版社，2024. 8（2025.4重印）. -- ISBN 978-7-122-45811-7

Ⅰ. Q939.1 ; R161

中国国家版本馆CIP数据核字第2024BE5518号

责任编辑：曾照华　林　洁　　文字编辑：毕梅芳　师明远
责任校对：李　爽　　装帧设计：王晓宇

出版发行：化学工业出版社
（北京市东城区青年湖南街13号　邮政编码100011）
印　　装：涿州市般润文化传播有限公司
710mm×1000mm　1/16　印张$9^3/_4$　字数156千字
2025年4月北京第1版第2次印刷

购书咨询：010-64518888　　售后服务：010-64518899
网　　址：http://www.cip.com.cn
凡购买本书，如有缺损质量问题，本社销售中心负责调换。

定　　价：89.00元

前言 Preface

在过去的几十年里，微生物菌群生态研究逐渐成为生物医学领域的热门领域之一。微生物菌群是指生活在人体内外的微小生物群体，与人类共同生活，相互作用，对人类的健康与疾病发展起着重要作用。过去，我们对微生物菌群的认识主要停留在细菌感染与疾病的防治上。然而，随着科学研究的不断深化，科学技术的不断发展，我们开始意识到微生物菌群对人类健康的综合影响。微生物菌群在人体内部形成了一个复杂的微生态系统，参与多种生物学过程，包括消化吸收、免疫调节、营养代谢等。近年来许多研究表明，微生物菌群与人类健康之间存在着密切的联系。例如，肠道菌群与肥胖、糖尿病、哮喘等慢性疾病的发生发展密切相关；口腔菌群与牙周病等口腔疾病密切关联；而皮肤菌群与湿疹、痤疮等皮肤病的发生发展有关。

除了人体内部的微生物菌群，外部环境中的微生物菌群也会对人类健康产生影响。例如，不良室内环境中的微生物菌群可能导致室内污染，引发过敏、哮喘等；在自然环境中，微生物菌群的多样性与地理位置、饮食习惯、生活方式等因素关联密切。然而，微生物菌群生态与人类健康之间的关系尚有很多未知有待进一步研究。因此，我们需要进一步研究微生物菌群结构及其多样性、微生物菌群的功能与表达活性、微生物菌群与宿主的相互关系以及微生物菌群与人类健康之间的具体联系。只有深入了解这一领域，我们才能更好地理解人类疾病的发生发展机制，开发出针对性的治疗策略。

本书旨在介绍微生物菌群生态与人类健康之间的关系，并探讨其在生物医学领域的应用前景。我们将从微生物菌群的基本概念、分析技术、与人体健康相关的领域以及未来的研究方向等方面展开阐述。希望通过本书，读者能对微生物菌群生态与人类健康有更全面的了解，为未来的研究与临床实践提供指导和借鉴。相信通过不断深入的研究，我们能够揭示微生物菌群在维持人类健康中的重要性，为疾病的治疗提供更加有效的干预手段。让我们一同踏上微生物菌群的探索之旅吧！

著者

2024年4月

目录 Contents

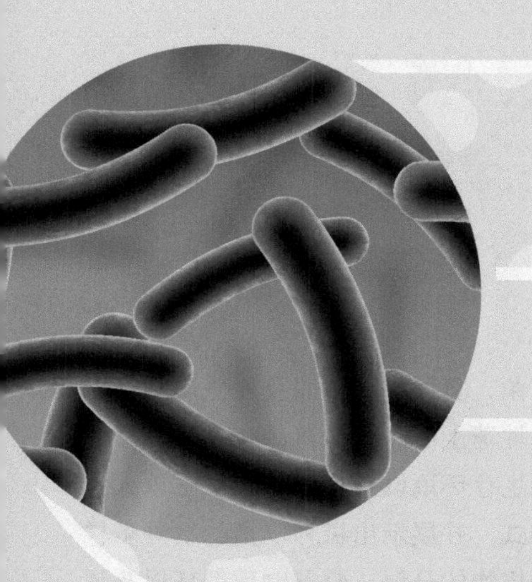

第1章 绪论

1.1
微生物概述

1.1.1 微生物的基本概念

微生物（microbes），是包括细菌、古菌、真菌、病毒以及原生动物在内的微小生物体的总称。微生物广泛分布于地球上的各个角落，在各种生态过程中发挥着至关重要的作用，对于人类的生存环境以及人体健康产生重大影响。微生物具有不同形状、大小和运动方式，并展示出极为丰富的物种多样性。微生物广泛参与各种代谢活动，在有机物的分解、营养物质循环以及氧气、氮气和二氧化碳等关键化合物的产生中发挥重要作用，对生态系统的整体稳定和功能发挥作出贡献。尽管有些微生物可以导致宿主感染，但大多数微生物对宿主健康的维持发挥积极作用。例如，人体肠道内的益生菌群能够协助消化并提供保护以防止有害病原体的感染。此外，微生物在各种生物技术应用中具有巨大潜力，包括抗生素、酶、生物燃料和生物塑料的生产，广泛用于工业废水、城市污水的处理，食品生产和基因工程等不同领域。因此，了解微生物多样性，理解微生物与环境间的生态作用，对于医学、农业、生物技术和环境科学等各个领域至关重要。

1.1.2 微生物的主要分类

可以按照其细胞结构、代谢方式和生活环境等，对微生物具体分为以下五类。

（1）细菌（bacteria）

细菌是一类普遍存在于自然界中的微生物，常见于土壤、水体、空气及其他环境中。它们具有多样化的形态，如球状、杆状、螺旋状等，细菌的细胞壁主要由肽聚糖构成，细胞膜含有脂质双分子层。细菌具有多样化的代谢类型。根据新陈代谢同化作用的方式来分，少数细菌是自养型细菌，多数细菌是异养型细菌。其中自养型细菌主要包括光能合成细菌和化能合成细菌两类，而异养型细菌主要包括腐生细菌和寄生细菌两类。根据新陈代谢异化作用方式来分，可分为好氧细菌和厌氧细菌两类。细菌的主要代谢方式包括有氧呼吸、厌氧呼吸、发酵和光合作用4种方式。细菌可以分为革兰氏阳性菌和革兰氏阴性菌等多个类别。

（2）古菌（archeobacteria）

古菌一般生存于极端环境中，如高盐度、高温度、高压力等条件下。古菌在形态和结构上与细菌类似，但在细胞壁的构成、细胞膜的结构、代谢途径和基因序列等方面有一些显著差异。古菌的细胞壁不含肽聚糖，而是由其他物质组成。古菌的DNA复制和转录过程类似于真核生物，具有更复杂的基因调控系统。

（3）真菌（fungi）

真菌是一类生物体，通常包括酵母、霉菌和子囊菌等。真菌通常是多细胞的，它们具有细胞核、细胞质和细胞壁，因此真菌与植物一样也能够进行有丝分裂等生殖方式。真菌在自然界中扮演着分解和寄生生物的角色，同时也有些真菌能够与其他生物形成共生关系。目前真菌已经广泛用于发酵食品制造、药物生产、生物质燃料生产和城市污水处理与环境修复等领域。

（4）病毒（virus）

病毒是一种非细胞的微生物，它们只能在宿主细胞内复制并繁殖。病毒主要由蛋白质外壳和核酸组成，在没有宿主细胞的情况下无法进行生长和繁殖。病毒在感染宿主细胞后，会将其内部机制利用来合成新的病毒颗粒，并最终导致宿主细胞的死亡。病毒是引起多种传染病的病原体，但也有些病毒可以被用于基因治疗和疫苗研发。

（5）原生动物（protozoon）

原生动物是一类单细胞的真核生物，在生物分类系统中属于原生生物界。原生动物通常以单细胞方式存在，其细胞结构比较简单，缺乏形态学和器官的分化，它们广泛分布于海洋、淡水、土壤和其他环境中。原生动物的细胞主要由细胞膜、细胞质、细胞核和一些细胞器组成。它们通过纤毛、鞭毛或伪足等结构进行进食、运动和繁殖。原生动物的营养方式多样，既有自养的光合作用原生动物，也有寄生和异养的原生动物。原生动物是一类生物多样性较高的微生物群体，对生态系统的稳定和平衡起着重要作用。对原生动物的研究有助于我们更好地了解微生物的多样性和生态功能，为生物多样性保护和生态环境管理提供科学依据。

根据微生物进入宿主体内的途径和来源，可将微生物分为自生菌系（autochthonous microbiota）和外来菌系（allochthonous microbiota）两大类。

自生菌系也称内源性微生物群（endogenous microbiota），是人体自身产生的，生活在宿主体内的正常微生物群体，与宿主形成一种共生关系，如肠道菌群、皮肤菌群等。这些微生物对宿主的生理和免疫系统起着重要作用，对人体的健康发挥着重要作用。外来菌系也称为外源性微生物群，指暂时或不定期存在于宿主体内的微生物，这些微生物通常不与宿主长期共存。外来菌系可能是从外部环境中通过进食、呼吸、接触等途径进入宿主体内的微生物。

然而，根据微生物进入宿主体内的途径和来源对其进行分类存在一定局限性。这种分类方式无法对微生物在宿主体内的不同作用和关系进行详细分类，也未能考虑微生物与宿主之间可能存在的共生关忽略了微生物在宿主体内的复杂多样的互作关系。因此，对微生物在宿主体内的分类应考虑更多因素才能更加全面地理解微生物与宿主的相互作用。

根据微生物与宿主之间的互作方式对宿主体内微生物进行分类是当前更常见、更科学的分类方式。根据这种方式可将宿主体内微生物分为共生微生物（symbiotic microbiota）、寄生微生物（parasitic microbiota）、交换微生物（commensal microbiota）、外来微生物（exogenous microbiota）等四种类型。共生微生物是指与宿主形成共生关系，对宿主和自身都有益处的微生物；寄生微生物是指寄生在宿主体内，从宿主中获取营养并可能对宿主造成损害的微生物；交换微生物是指与宿主进行某种形式的物质或信息交换，共同维持稳定的生态平衡的微生物。这些微生物在宿主内部定居，与宿主相对平稳地共存，一般不引起宿主的病理反应。外来微生物是指从外部环境进入宿主体内，可能是暂时性地或者在特定条件下成为定居微生物的候选者，并可能引起感染的微生物。这种分类方式有助于更深入、全面地理解微生物在宿主体内的角色和互动机制，更准确地描述微生物在宿主体内的行为和影响，更清晰地理解微生物之间的互动模式，为未来疾病治疗提供有益信息，并促进个性化医疗和微生物调控治疗的发展。

1.1.3 微生物的分类系统

微生物的分类系统是对其形态、生理特征、基因组序列和生态角色等进行综合考虑，并基于这些特征进行分类和命名的。微生物的分类系统是一个不断演进的领域，科学家们通过不断探索新的微生物、研究其基因组和生态特征等，对现有分类进行修订和更新。这有助于我们更好地了解微生物的多样性、演化和生态角色。随着分子生物学和基因组学的发展，越来越多的微生物被鉴定并归类。传统分类方法已经与基于DNA和rRNA序列同源性的系统生物学方法相结合，形成了现代的微生物分类系统。这些方法主要利用16S rRNA、18S rRNA和ITS等基因序列进行微生物的分类和鉴定。在现代分类系统中，微生物可以根据其遗传关系分为界（kingdom）、门（phylum）、纲（class）、目（order）、科（family）和属（genus）、种（species）等不同层级。例如，细菌（bacteria）根据其16S rRNA基因序列同源性可分为变形菌门（proteobacteria）、放线菌门（actinobacteria）、厚壁菌门（firmicutes）、拟杆菌门（bacteroidetes）。

值得注意的是，由于微生物的种类繁多、多样性强，其分类系统在不断地演化和更新中。随着对微生物多样性的深入研究和现代生物技术的发展，对微生物分类系统也在不断地调整和完善。

1.1.4 微生物的主要分布

微生物的存在范围非常广泛，在自然界中，无论是高山平原、江河湖海、动植物体内，还是一般生物无法生存的臭氧层、海底和岩芯中，都有微生物的存在。

（1）土壤

微生物在土壤中非常常见，在土壤的有机物分解和养分循环中发挥着重要作用。

（2）水体

微生物广泛存在于淡水和海水中。在水体环境中，细菌是最常见和最丰富的微生物群体，其次是藻类和其他原生动物。

（3）大气

大气中存在着各种微生物，它们通过风力、降水等环境因素在大气中传播。在特定环境条件下，大气中的微生物可能会对空气质量、气候变化以及生态平衡等方面产生影响，因此对大气微生物的研究具有重要的科学意义。

（4）动植物体内

微生物也存在于植物和动物体内，如植物根际微生物和动物消化道微生物。这些微生物与宿主之间建立了良好的互利共生关系，并对宿主的生长和健康起着重要作用。

（5）极端环境

一些微生物能够适应和生存于各种极端环境，如高温温泉、深海、冰川、高盐度湖泊等。这些环境中的微生物被称为极端环境微生物，具有独特的生存机制和适应性。

微生物在人体内的分布受到多种因素的影响，包括人的生理状态、饮食习惯以及环境条件等。微生物的稳定和平衡对于人体健康至关重要，微生态失调可能与许多疾病的发生和发展相关。因此，维护良好的微生态平衡对于宿主的健康具有重要意义。微生物在人体内的分布规律是多样和复杂的。在人体内，微生物主要存在于皮肤、口腔、呼吸道、消化道等部位。

（1）皮肤

皮肤是人体最外层的保护层，同时也是微生物的栖息地。皮肤上存在着大量的微生物，如厌氧菌、表皮葡萄球菌等，这些微生物发挥了皮肤保护、免疫调节等作用。

（2）口腔

口腔是微生物最丰富的部位之一。口腔中存在着多种细菌、真菌和病毒。这些微生物发挥了消化食物、保持口腔卫生、免疫调节等作用。

（3）呼吸道

呼吸道包括鼻腔、咽、喉、气管和肺等部位。呼吸道中存在着各种细菌和病毒，包括常见的肺炎链球菌、流感病毒等。这些微生物对呼吸道的生态平衡和免疫调节起着重要作用。

（4）消化道

消化道是微生物最丰富的部位之一，其中以肠道最为显著。肠道中存在着数百种不同的细菌、真菌和病毒，构成了复杂的微生物群落。这些微生物发挥了消化食物、免疫调节、营养吸收等作用。

1.2
现代微生物学概述

1.2.1 现代微生物学的研究领域

现代微生物学涉及多个学科，这些学科共同构成了现代微生物学的广阔领域，从基础科学到应用领域涉及微生物的各个方面。主要包括以下主要领域。

（1）细菌学（bacteriology）

研究细菌的分类、形态、结构、生理特性、遗传学和生态学等方面的学科。

（2）真菌学（mycology）

研究真菌的分类、结构、生理特性、生态学以及与人类和其他生物的相互作用等方面的学科。

（3）病毒学（virology）

研究病毒的结构、生命周期、传播途径、致病机制以及疫苗和抗病毒药物的研发等方面的学科。

（4）免疫微生物学（immunomicrobiology）

研究宿主-微生物相互作用中免疫系统的响应和微生物的免疫特性等方面的学科。

（5）分子微生物学（molecular microbiology）

研究微生物的分子结构、功能和相互关系，以及微生物在生物体内和环境中的作用等方面的学科。

（6）环境微生物学（environmental microbiology）

研究微生物在自然环境中的分布、功能、生态角色、生物降解和环境修复等方面的学科。

（7）制药微生物学（pharmaceutical microbiology）

研究应用微生物技术生产抗生素、酶以及生物制剂等方面的学科。

（8）食品微生物学（food microbiology）

是研究与食品有关的微生物以及微生物与食品关系的一门学科。

1.2.2　现代微生物学的研究方向

现代微生物学是一个广泛且动态发展的领域，涉及许多前沿技术。以下是一些现代微生物学中的主要研究方向。

（1）微生物的多样性和演化

研究微生物的多样性、演化和系统发育关系，探索不同环境下微生物的适应性和遗传变异。

（2）微生物在环境中的功能和生态作用

研究微生物在不同环境中的功能特征，包括寄生、共生、分解、固氮、光合作用等生态角色。

（3）微生物与人类健康

探索微生物在人类健康中的作用，包括肠道菌群、皮肤微生物等相关研究。

（4）微生物资源开发与利用

开发利用微生物资源进行产业化生产，比如工业发酵、环保技术、生物燃料生产等。

（5）微生物基因组学和元基因组学

利用高通量测序技术和生物信息学方法研究微生物的基因组结构、功能基因和代谢途径。

（6）微生物生物技术

利用微生物进行生物信息、基因工程、生物催化、生物治疗等领域的研究与应用。

（7）微生物的极端生存和抗逆性

研究极端环境中的微生物，探索其生存机制和对抗极端环境的适应策略。

（8）微生物与气候变化

研究微生物对气候变化的响应和影响，以及微生物在全球碳循环、温室气体排放等方面的作用。

1.2.3 现代微生物学的研究方法

现代微生物学使用了许多高级和复杂的研究方法来探索微生物世界，了解微生物的多样性、功能和相互作用。以下是一些常见的现代微生物学研究方法。

（1）高通量测序技术

包括16S rRNA基因测序、全基因组测序、宏基因组测序等，用于分析微生物群落结构、功能和遗传信息。

（2）生物信息学分析

利用计算生物学方法分析和解释大规模的生物信息数据，包括序列比对、基因功能预测、微生物群落结构分析等。

（3）原位分析技术

包括原位荧光染色、原位杂交、原位质谱等技术，用于研究微生物在自然生态环境中的位置和活动。

（4）代谢组学和蛋白质组学

通过代谢物和蛋白质的组学分析，研究微生物的代谢途径、代谢产物和生理功能。

（5）生物化学和分子生物学方法

包括克隆与表达、蛋白纯化、基因敲除、基因表达分析等，用于研究微生物的基因功能和调控机制。

（6）显微镜技术

包括荧光显微镜、电子显微镜等，用于观察微生物的形态、结构和细胞器。

（7）细胞培养和鉴定

使用培养技术培育和鉴定微生物菌株，研究其生长特性、生理代谢和生化反应。

（8）单细胞分析技术

包括单细胞测序、流式细胞术、荧光原位杂交、单细胞质谱技术、单细胞免疫学等，这些单细胞分析技术可用于对微生物在单细胞水平上进行分析和研究，有助于揭示单细胞水平上的多样性和功能特征。因此在细胞生物学、免疫学、医学研究中发挥着重要作用。

（9）稳定同位素示踪技术

用于研究微生物在环境中的活动和代谢途径，包括氮同位素、碳同位素示踪等。

上述研究方法的综合应用使得微生物学研究能够更加深入和全面地揭示微生物世界的奥秘，推动整个微生物学领域的发展和进步。

1.3 微生物菌群生态与环境和人类健康

1.3.1 微生物菌群生态的基本内涵

微生物菌群生态研究包括微生物群落在不同环境中的分布、组成、相互作用及其对环境的功能和稳定性的影响等方面。微生物菌群生态研究的重点在于认识和理解微生物群落在自然和人工环境中的多样性和功能，其基本内涵主要包括以下几个方面。

（1）群落结构和多样性

微生物群落由多种不同种类的微生物组成，在不同环境中具有不同的群落结构和多样性。研究微生物菌群的种类、数量和相对丰度等可了解群落结构，并可用于比较不同环境和系统中微生物的多样性。

（2）微生物的相互作用

微生物群落中的微生物之间存在着复杂的相互作用。研究微生物之间的相互作用，如共生、拮抗和共存等，有助于揭示微生物群落的稳定性以及对环境的影响。

（3）影响环境功能和代谢潜力

微生物菌群中的微生物对环境的功能和代谢潜力具有重要影响。研究微生物的功能基因和代谢途径，探究微生物如何参与物质循环和能量转化等过程，能更好地理解微生物菌群的生态角色。

（4）响应环境变化的机制

微生物菌群可以响应环境的变化，并调节其组成和功能。研究微生物菌群对环境因素的响应机制，包括温度、pH、营养物质和氧气等，可帮助我们预测和控制微生物群落的变化。

（5）应用与环境管理

深入了解微生物菌群生态有助于开展环境保护、污染治理和生物修复等方面的工作。通过控制和调整微生物菌群，可以改善环境、提高农业生产效率以及开发新的生物技术。

微生物菌群生态研究是一个多学科交叉的领域，有助于我们更好地理解和应用微生物群落在自然和人工环境中的功能和意义。

1.3.2 微生物菌群生态与环境

研究微生物菌群生态与环境的关系，意义非常重大，具体体现在以下几个方面。

（1）环境污染治理

微生物菌群在环境污染治理中发挥着重要作用。研究微生物菌群在自然环境中的分布与功能，可以针对不同类型的污染物开展生物修复和降解等工作，促进环境污染物的降解和清除。

（2）农业生产增效

微生物菌群在农业生产中扮演着重要角色，如土壤微生物菌群可以促进植物生长、提高土壤肥力。研究微生物菌群的互作关系和功能，开展微生物肥料和生物农药的应用，可以提高农作物产量和质量。

（3）生态系统的稳定性与可持续发展

微生物菌群是生态系统中的基础组成部分，参与物质转化和能量流动，维持生态系统的稳定性。研究微生物菌群生态有助于深入了解生态系统的结构和功能，为生态保护和可持续发展提供科学依据。

综上所述，研究微生物菌群生态与环境的关系，其意义在于推动环境污染治理、促进农业生产和维持生态系统稳定，对于实现可持续发展具有重要的科学价值和实际应用意义。

1.3.3 微生物菌群生态与人类健康

研究微生物菌群生态与人类健康的关系，意义非常重大。总的来说，其意义在于为预防和治疗疾病、实现个体化医学提供指导，以及为推动人类健康的科学和实践提供依据。研究微生物菌群生态与人类健康的意义主要体现在以下方面。

（1）明确微生物菌群的构成与功能

微生物菌群在人体内起着关键作用，研究微生物菌群的构成和功能，有助于深入了解微生物与人类健康之间的关系，为维持和改善人体健康提供理论基础。

（2）揭示微生物菌群与疾病的关联

微生物菌群的紊乱与多种疾病的发生和发展密切相关，深入研究微生物菌群与疾病之间的关系，有助于预防、诊断和治疗相关疾病。

（3）个体化医学和微生物介入

通过分析微生物菌群的特征，并根据其与健康之间的关系，可以为个体提供更精准的医疗服务和个体化治疗方案。此外，微生物介入可以调节和恢复微生物菌群平衡，对一些与菌群紊乱相关的疾病具有潜在的治疗效果。

（4）促进健康的生活方式

通过研究微生物菌群的影响因素，如饮食、运动、生活习惯等，有助于推广健康的生活方式并提供科学依据。

参考文献

[1] Bisen P S, Debnath M, Prasad G B. Microbes: concepts and applications [M]. New York: John Wiley & Sons, 2012.

[2] Achtman M, Wagner M. Microbial diversity and the genetic nature of microbial species [J]. Nature Reviews Microbiology, 2008, 6(6): 431-440.

[3] Berdy J. Bioactive microbial metabolites [J]. The Journal of Antibiotics, 2005, 58(1): 1-26.

[4] Shreiner A B, Kao J Y, Young V B. The gut microbiome in health and in disease [J]. Current Opinion in Gastroenterology, 2015, 31(1): 69-75.

[5] Singh B K. Exploring microbial diversity for biotechnology: The way forward [J]. Trends in Biotechnology, 2010, 28(3): 111-116.

[6] Allison S D, Lu Y, Weihe C, et al. Microbial abundance and composition influence litter decomposition response to environmental change [J]. Ecology, 2013, 94(3) : 714-725.

[7] Reller L B, Weinstein M P, Petti C A. Detection and identification of microorganisms by gene amplification and sequencing [J]. Clinical Infectious Diseases, 2007, 44(8): 1108-1114.

[8] Aislabie J, Deslippe J R, Dymond J. Soil microbes and their contribution to soil services // Ecosystem Services in New Zealand——Conditions and Trends[M].New Zealand,Lincoln: Manaaki Whenua Press, 2013, 1(12) :143-161.

[9] Dolan J R. An introduction to the biogeography of aquatic microbes [J]. Aquatic Microbial Ecology, 2005, 41(1): 39-48.

[10] Šantl-Temkiv T, Amato P, Casamayor E O, et al. Microbial ecology of the atmosphere [J]. FEMS Microbiology Reviews, 2022, 46(4): fuac009.

[11] Finkel O M, Castrillo G, Paredes S H, et al. Understanding and exploiting plant beneficial microbes [J]. Current Opinion in Plant Biology, 2017, 38:155-163.

[12] Rosenberg E,Zilber-Rosenberg I. Microbes drive evolution of animals and plants: the hologenome concept [J]. MBio, 2016, 7(2): 1110-1128.

[13] Shu W S, Huang L N. Microbial diversity in extreme environments[J]. Nature Reviews Microbiology, 2022, 20(4): 219-235.

[14] Willey J M, Sherwood L M, Woolverton C J.Prescott’s microbiology[M]. McGraw-Hill,2014.

[15] Xu J. Invited review: microbial ecology in the age of genomics and metagenomics: Concepts, tools, and recent advances[J]. Molecular Ecology, 2006, 15(7): 1713-1731.

[16] Streit W R, Schmitz R A. Metagenomics-the key to the uncultured microbes[J]. Current Opinion in Microbiology, 2004, 7(5): 492-498.

[17] Zhang L, Chen F X, Zeng Z, et al. Advances in metagenomics and its application in environmental microorganisms [J]. Frontiers in Microbiology, 2021, 12: 766364.

[18] Robinson J M, Pasternak Z, Mason C E, et al. Forensic applications of microbiomics: A review [J]. Frontiers in Microbiology, 2021, 11: 3455.

[19] Bercik P, Collins S M, Verdu E F. Microbes and the gut-brain axis [J]. Neurogastroenterology & Motility, 2012, 24(5): 405-413.

[20] Dadgostar P. Antimicrobial resistance: Implications and costs [J]. Infection and Drug Resistance, 2019: 3903-3910.

第2章 微生态平衡与人类健康

2.1
微生态与微生态平衡

2.1.1　微生态研究的意义

微生态研究主要关注微生物（如细菌、真菌、病毒等）在特定环境中的生态角色、种群动态、相互关系以及对宿主或环境的影响。微生态研究涵盖了从微观到宏观尺度的多个层面，包括微生物群落结构、功能、多样性以及与宿主的相互作用和协同进化等不同方面。例如，通过研究在特定环境中微生物群落的组成、丰度、多样性等特征，可以探究不同微生物群落的组成模式和变化趋势；通过探究微生物在生态系统中的功能、代谢途径、能量转化等方面，可以了解其在环境适应、碳氮循环等方面的作用；通过研究微生物之间的共生、竞争、共存等相互作用，可以探究微生物群落的协同性和竞争性对生态系统稳定性的影响；通过探讨微生物与宿主生物之间相互作用的机制，可以揭示微生物对宿主健康、免疫系统、代谢等方面的影响；通过研究微生物在维持生态系统功能方面的作用，可以揭示微生物在土壤肥力、水质净化、生态平衡维持等方面的贡献；通过探讨微生物在疾病预防和治疗中的作用，可以明确微生物对人类健康所起的关键作用。

微生态研究明确了微生物在生态系统中的作用和相互关系，不但有助于维持和恢复生态系统的平衡，促进生物多样性的保护，而且有助于疾病的预防和治疗。此外，微生态研究还有力推动了微生物在环境修复、食品加工、生物能源等领域的应用和开发，为生物技术的开发和微生物资源利用提供科学依据。因此，微生态研究涉及微生物在各种生态系统中的角色、功能和相互关系，对于理解生物圈中微生物的生态学角色，生态系统的稳定性和功能，以及人类健康和环境保护等方面具有重要意义，为未来解决生态环境问题、保障人类健康和推动可持续发展提供科学支持。近年来，人体微生态受到世界各国越来越多的关注，人体内的肠道微生物对于人体健康有重要影响，人体内微生物与宿主间的相互关系已经成为微生态研究的重点领域和主要方向之一。通过研究人体微生态可以更好地理解微生物与宿主的关系，为探索新的疾病治疗策略提供科学依据。

2.1.2　微生态平衡及主要标志

微生态平衡是指在特定的生态系统或生物体内，微生物群落的组成、多样性和功能相互协调和稳定的状态。微生态平衡对于宿主营养物质的吸收和调节机体代谢活动至关重要。维持微生态平衡有助于增强宿主免疫功能，调节免疫反应，提高宿主对外界病原微生物的抵抗力，减少疾病的发生。微生态平衡在维持宿主消化系统的正常功能方面具有重要作用，有助于保持肠道菌群的平衡，维护肠道菌群稳定性。此外，微生态平衡对于生态系统的平衡和环境的保护有重要作用。通过微生态平衡研究，可以为药物研发和生物技术的发展提供新思路和新方法。因此，保持微生态平衡是维持宿主健康和预防疾病的重要策略之一。

微生态平衡的标志主要包括以下几个方面。

（1）微生物群落结构与多样性的稳定

微生态平衡的一个重要标志是微生物群落的多样性。微生物群落的多样性主要包括微生物群落内多样性（α-多样性）与微生物群落间多样性（β-多样性）。一个健康的微生态系统通常应具有较高的α-多样性水平，微生物群落中应存在不同类型的微生物物种，无显著的物种失衡或优势物种的过度存在的状况。这种较高的α-多样性水平有助于维持微生态系统整体的平衡，防止某种有害微生物的过度生长。此外，健康的微生态平衡状态下，不同个体之间微生物群落结构相对稳定，微生物群落间β-多样性差异性较小。各种微生物的相对丰度以及它们之间的比例关系是微生态平衡的重要指标。正常情况下，有益菌的相对丰度应该较高，有害菌的相对丰度应该受到抑制。

（2）共生关系和竞争关系平衡

微生态平衡的标志之一是微生物之间的共生关系和竞争关系相对平衡，保持相互协调的状态。

（3）免疫系统功能协调

微生态平衡能够通过调节免疫系统的功能和免疫反应，维持宿主机体的免疫系统处于协调和稳定状态。

（4）营养吸收和代谢平衡

微生态平衡有助于促进营养物质的吸收和维持机体的代谢平衡，保持正常的营养水平。

（5）肠道微生物平衡

肠道微生态平衡是人体内微生态平衡的一个重要标志，对维护肠道健康至关重要。

（6）环境适应性

微生态平衡有助于微生物种群在特定环境中保持稳定和适应状态，以使微生物群落在变化的环境中保持平衡。

2.1.3 微生态平衡失调及主要标志

微生态平衡失调是指在特定的生态系统或生物体内，微生物群落的组成、多样性和功能出现异常或不稳定的状态。这种失调可能导致微生物群落结构的紊乱，影响微生物之间的相互作用和宿主的生理功能，从而对宿主的健康和生态系统的稳定性产生不利影响。

微生态平衡失调可能是多种因素综合作用的结果。微生态平衡失调的主要原因包括以下几个方面。

（1）抗生素使用不当

抗生素可以杀死有益菌群，导致一些病原菌的过度生长，从而破坏微生态平衡。滥用抗生素或长期大剂量使用抗生素可以扰乱微生物群落的平衡。

（2）不良饮食习惯

高糖、高脂肪、低纤维等不健康饮食习惯可能改变肠道微生物群和代谢功能，导致微生态平衡失调。过度依赖加工食品、缺乏膳食纤维等也会对微生物群落产生不良影响。

（3）环境污染

长期暴露于环境中的污染物和毒素，如重金属、农药等，可能对微生物群落产生负面影响，导致失调。

（4）免疫系统异常

免疫系统的异常状态，如自身免疫性疾病，也会影响微生态平衡。此外，个体差异、生活方式和遗传等因素均可能影响微生态平衡的稳定性。

（5）应激和压力

长期精神压力、情绪波动、焦虑、抑郁等情绪因素可能影响肠道菌群的平衡，导致微生态失调。

微生态平衡失调的主要标志体现在以下几个方面。

（1）微生物菌群结构异常

微生态平衡失调可能导致微生物种群的数量和种类发生异常变化，破坏宿主正常的微生物群落结构。

（2）微生物多样性降低

微生物平衡失调可能导致微生物多样性减少，导致某些微生物优势种的过度生长，而其他微生物种类减少。

（3）宿主患相关疾病风险增加

微生态平衡的破坏给宿主健康带来严重威胁。微生态平衡失调与宿主炎症、代谢性疾病、自身免疫性疾病等的发生和发展有关。例如，肠道微生态的失衡可能诱发肠道炎症反应，进而对全身炎症水平产生影响，增加宿主患炎症等相关疾病的风险，从而影响宿主的免疫系统功能。此外，微生态失调还可能干扰营养物质的代谢过程，导致代谢紊乱，进而增加患糖尿病、肥胖等代谢类疾病的风险。

2.2 微生态系统的结构与功能

2.2.1 微生态系统

微生态系统是指由微生物、宿主和环境相互作用而形成的一个生态系统。它涵盖了微生物的组成、数量和分布，以及与宿主和环境之间的相互作用和影响。微生态系统存在于各种不同的环境中，包括土壤、水体、空气、植物表面、人体等。微生态系统中的微生物通过相互作用和协同共生，进行分解和转化，参与养分循环和能量转移等生态过程。微生态系统的研究对于理解微生物与宿主及环境之间的相互关系具有重要意义。它为探索新的治疗策略和促进健康提供了科学基础，也有助于环境保护和生态平衡的维持。在人体内，肠道菌群是一个重要的微生态系统。肠道菌群由大量的微生物组成，对人体的健康和疾病起着重要作用。肠道菌群参与人体的食物消化、免疫调节、代谢调节等重要生理过程。

2.2.2 微生态系统的结构与结构层次

微生态系统的结构是微生物群落在空间上的组织结构和相互关系的综合体现，深入了解微生态系统的结构有助于揭示微生物相互作用、生态功能和生态系统稳定性等方面的重要信息。微生态系统的结构主要由以下几个方面组成。

（1）微生物群落的组成

微生态系统的结构包括微生物群落中各个成员的种类、数量和分布。不同种类的微生物共同构成了微生态系统的整体生态结构。

（2）微生物的丰度和多样性

微生物群落中不同微生物的丰度和多样性对微生态系统的结构起着重要作用。丰富多样的微生物群落有助于维持生态系统的稳定性和功能。

（3）微生物的空间分布

微生态系统中微生物在空间上的分布格局也是其结构的重要组成部分。微生物在不同环境中的分布情况影响着其相互作用和生态功能。

（4）微生物的相互作用

微生物之间的相互作用是微生态系统结构的重要组成部分。包括共生、竞争、拮抗、协同等相互作用关系。

（5）微生物的生态位

微生物在微生态系统中占据的生态位以及不同微生物之间的竞争和共存关系也构成了微生态系统的结构特征。

（6）微生物的功能群

微生物群落中的不同微生物根据其功能和代谢特点被划分为不同的功能群，这些功能群共同构成了微生态系统的生态功能结构。

（7）生物体内微生物群落

生物体内微生物群落是微生态系统的一部分，与土壤、水体、空气等环境中的微生物群落结构密切相关。人体内的微生物群落，如肠道和皮肤中的微生物，构成了复杂的微生态系统，对人体健康至关重要。肠道微生物群落在调节宿主的消化系统、免疫系统等方面发挥着重要作用，而皮肤微生物群落在抵抗病原微生物，维持皮肤健康方面起着关键作用。因此，人体内的微生物群落与环境中的微生物群落密切相关，共同构成了微生态系统的一部分。

微生态系统的结构层次提供了一个细分和理解微生态系统的组成和组织

方式的框架。不同层次之间的相互关系和正反馈决定了微生态系统的稳定性和功能。了解微生态系统的结构有助于我们理解微生物的生态学特征，以及微生态系统对环境和人体健康的影响。微生态系统的结构层次从微观到宏观可以分为以下几个层次。

（1）细胞层次

微生态系统的最基本单位是微生物的细胞，它们通过遗传信息的传递和代谢反应等生物过程，参与微生态系统功能的发挥。

（2）种群层次

微生物种类的数量和组成形成了一种种群结构。在微生态系统中，不同的微生物种类间形成了复杂的生态关系，并且以不同的相对丰度存在。种群层次反映了微生态系统的多样性和稳定性。

（3）群落层次

微生物在空间和时间上的聚集形成了一个群落。微生物群落由不同种群相互作用而形成，共同组成一个相对稳定的生态系统。通过群落层次研究微生物群落的结构、组成和功能，对于了解微生态系统的生态学特征至关重要。

（4）生态系统层次

微生态系统是整个生态系统的一部分。微生物与其他生物体以及环境因素相互作用，共同构成了一个更大的生态系统。这种整体的结构和功能层次影响了微生态系统的稳定性和生态学特征。

微生物在微生态系统中展示着各种复杂的相互作用，这些相互作用包括共生、竞争、拮抗、共存、协同等多种形式。

（1）共生（mutualism）

共生是指两种或多种微生物之间通过互惠互利的方式相互合作，实现共同的生存利益。常见的共生形式包括协同进化、共同资源利用、共同代谢等。

（2）竞争（competition）

微生物之间会竞争有限的资源，包括养分、空间和生存条件等。竞争可能导致资源的枯竭和生态位的压缩，影响微生物在生态系统中的分布和生存。

（3）拮抗（antagonism）

拮抗是指微生物之间通过释放抑制性化合物或通过竞争性抑制等机制来抑制其他微生物的生长和繁殖。这种拮抗关系能够帮助微生物维持自身的优势地位。

（4）协同（commensalism）

协同是指一种微生物从另一种微生物中获得利益，而对另一种微生物没有显著影响的相互作用形式。协同关系使得微生物能够在共存的同时获益。

（5）共存（coexistence）

微生物种群之间通过空间分隔、资源分配、时间分区等方式实现共存和平衡发展，避免激烈的竞争和冲突。

（6）生态位分化（niche differentiation）

微生物种群在生态位上进行差异化分化，通过利用资源和生活在不同的生态位上，实现各自的生存和发展。

2.2.3 人体微生态系统的功能与功能层次

微生态系统具有多种功能，这些功能的实现依赖于微生物群落的多样性和微生物菌群间的协同作用。人体内微生态系统的功能与宿主的健康、疾病的发生和发展密切相关，主要包括以下几个方面。

（1）消化和吸收营养功能

微生物菌群在肠道中参与食物的消化和吸收过程。它们能够分解和利用食物中的复杂物质，例如纤维素和其他难以被宿主消化的多糖类物质。微生物可转化这些物质为短链脂肪酸供宿主吸收和利用。

（2）免疫调节功能

微生物菌群对于宿主免疫系统的功能影响很大。人体内肠道微生物参与调节免疫系统，帮助区分有害菌和有益微生物，促进免疫系统的平衡。微生物通过参与黏膜屏障的维护、产生抗菌物质、调节免疫细胞活性等方式，影响宿主的抗炎症反应、抗病毒能力和免疫耐受性。

（3）抗菌作用

微生物菌群中的某些成员可以产生抗菌物质，抑制某些有害微生物的生长和繁殖。这种抗菌作用可以维护菌群的平衡，防止有害菌群过度生长引发感染。

（4）代谢调节功能

微生物菌群参与宿主的代谢过程，影响宿主的代谢健康。它们能够调节宿主的能量代谢、脂质代谢和血糖平衡等，对于预防肥胖、糖尿病等代谢类疾病具有重要作用。

此外，微生物菌群具有调节神经系统、合成维生素和其他营养物质、维护肠道黏膜的完整性等多种功能。

微生态系统的功能层次可以从微观到宏观进行描述。这些功能层次相互交织和紧密联系，共同参与微生态系统功能的实现。深入理解这些功能层次有助于我们理解微生态系统的复杂性和影响宿主健康的机制。以下是一些常见的微生态系统功能层次。

（1）代谢功能层次

微生物菌群内的不同成员具有不同的代谢功能，通过不同的代谢功能相互作用，实现基本的生物化学过程，如能量转化、营养物质的吸收和分解等。

（2）生态功能层次

微生物菌群在整个微生态系统中扮演着重要的角色，包括物质循环、能量流动、有害物质降解等。它们通过相互作用和合作实现生态功能的平衡和稳定。

（3）宿主健康功能层次

微生物与宿主之间存在着复杂的相互作用，并对宿主的健康起着调节作用。微生物菌群可以影响宿主的免疫应答、营养吸收、药物代谢等，从而对宿主的健康产生影响。

（4）系统功能层次

微生态系统不仅包括微生物与宿主之间的相互作用，还涉及外部环境因素的影响。微生物菌群会受到环境因素的影响，并对环境因素作出响应，从而实现微生态系统的整体功能。

参考文献

[1] Gomaa E Z. Human gut microbiota microbiome in health and diseases: A review [J]. Antonie van Leeuwenhoek, 2020, 113(12): 2019-2040.

[2] Backhed F, et al. Defining a healthy human gut microbiome: Current concepts, future directions, and clinical applications [J]. Cell Host & Microbe, 2012, 12(5): 611-622.

[3] Song M, Chan A T, Sun J. Influence of the gut microbiome, diet, and environment on risk of colorectal cancer [J]. Gastroenterology, 2020, 158(2): 322-340.

[4] Sharpton T J. Role of the gut microbiome in vertebrate evolution [J]. mSystems, 2018,3(2):e00174-17.

[5] Hill C, Sanders M E. Rethinking “probiotics” [J]. Gut Microbes,2013,4(4):269-270.

[6] Zhernakova A, Kurilshikov A, Bonder M J, et al. Population-based metagenomics analysis reveals markers for gut microbiome composition and diversity [J]. Science, 2016, 352(6285): 565-569.

[7] Bäckhed F, Ding H, Wang T, et al. The gut microbiota as an environmental factor that regulates fat

storage [J]. Proceedings of the National Academy of Sciences, 2004, 101(44): 15718-15723.

[8] Cianci R, Pagliari D, Piccirillo C A, et al. The microbiota and immune system crosstalk in health and disease [J]. Mediators of Inflammation, 2018(3):1-3.

[9] Hur K Y, Lee M S. Gut microbiota and metabolic disorders [J]. Diabetes & Metabolism Journal, 2015, 39(3): 198-203.

[10] Schirmer M, Garner A, Vlamakis H, et al. Microbial genes and pathways in inflammatory bowel disease [J]. Nature Reviews Microbiology, 2019, 17(8): 497-511.

[11] Al Khodor S, Shatat I F. Gut microbiome and kidney disease: A bidirectional relationship [J]. Pediatric Nephrology, 2017, 32: 921-931.

[12] Singh R K, Chang H W, Yan D I, et al. Influence of diet on the gut microbiome and implications for human health [J]. Journal of Translational Medicine, 2017, 15(1): 1-17.

[13] Dzutsev A, Goldszmid R S, Viaud S, et al. The role of the microbiota in inflammation, carcinogenesis, and cancer therapy [J]. European Journal of Immunology, 2015, 45(1): 17-31.

[14] Franzosa E A, Hsu T, Sirota-Madi A, et al. Sequencing and beyond: Integrating molecular' omics' for microbial community profiling [J]. Nature Reviews Microbiology, 2015, 13(6): 360-372.

[15] He C, Shan Y, Song W. Targeting gut microbiota as a possible therapy for diabetes [J]. Nutrition Research, 2015, 35(5): 361-367.

[16] Wajid F, Poolacherla R, Mim F K, et al. Therapeutic potential of melatonin as a chronobiotic and cytoprotective agent in diabetes mellitus[J]. Journal of Diabetes & Metabolic Disorders, 2020, 19: 1797-1825.

[17] Hooper L V, Littman D R, Macpherson A J. Interactions between the microbiota and the immune system [J]. Science, 2012, 336(6086): 1268-1273.

[18] Imhann F, Vich Vila A, Bonder M J, et al. The influence of proton pump inhibitors and other commonly used medication on the gut microbiota [J]. Gut Microbes, 2017, 8(4): 351-358.

[19] Saul S, Fuessel J, Runde J. Pediatric digestive health and the gut microbiome: Existing therapies and a look to the future [J]. Pediatric Annals, 2021, 50(8): e336-e342.

[20] Boutin R C T, Finlay B B. Microbiota-mediated immunomodulation and asthma: Current and future perspectives [J]. Current Treatment Options in Allergy, 2016, 3: 292-309.

[21] Bhatt S, Kanoujia J, Lakshmi S M, et al. Role of brain-gut-microbiota axis in depression: Emerging therapeutic avenues [J]. CNS & Neurological Disorders-Drug Targets, 2023, 22(2): 276-288.

[22] Harris R, Nicoll A D, Adair P M, et al. Risk factors for dental caries in young children: A systematic review of the literature [J]. Community Dental Health, 2004, 21(1): 71-85.

[23] Marazziti D, Buccianelli B, Palermo S, et al. The microbiota/microbiome and the gut-brain axis: How much do they matter in psychiatry? [J]. Life, 2021, 11(8): 760.

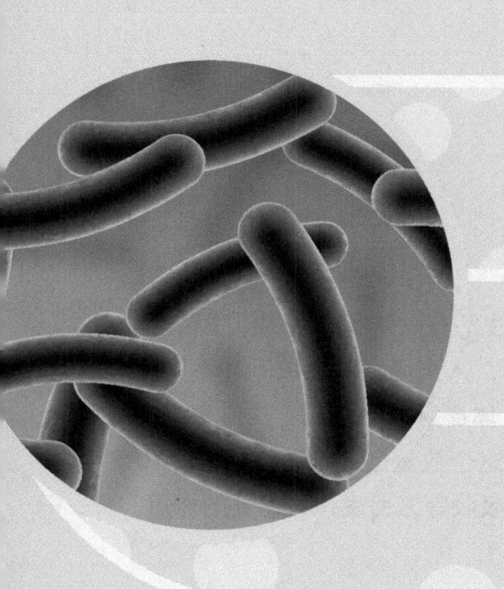

第3章 肠道微生物概述

3.1 肠道微生物分类

3.2 肠道微生物与人类健康

3.3 肠道微生物的应用现状与发展前景

3.1 肠道微生物分类

肠道微生物（gut microbiota）指的是生活在人体肠道内的微生物的总称。肠道微生物的存在数量极其庞大。据估计，人类肠道内有数千种不同的微生物菌株，并且它们的总细胞数远远超过人体自身的细胞数。具体来说，成年人的肠道中有10^{12}～10^{14}个微生物细胞，这个数量是人体细胞数量的10倍以上。肠道微生物在消化、免疫调节、营养吸收等方面发挥着重要的作用。

肠道微生物主要分为以下几类。

（1）细菌

肠道微生物中最常见的是细菌。肠道细菌分为厌氧菌和需氧菌，绝大多数属于肠道微生物中最常见的类群是细菌，种类非常多样，包括厌氧菌、需氧菌和兼性厌氧菌。肠道厌氧菌常见于拟杆菌属、隐杆菌属和硫还原菌属；肠道需氧菌主要包括肠球菌属；兼性厌氧菌如大肠埃希氏菌、乳酸杆菌等。

（2）真菌

肠道微生物中的真菌数量相对较少，但在某些情况下也起到重要的作用。常见的肠道真菌包括酵母菌、念珠菌等。

（3）原生动物

肠道中还存在一些原生动物，它们是真核生物，包括原虫和纤毛虫。这些微生物类群在肠道中承担着分解纤维素和帮助消化等功能。

此外，肠道微生物还包括病毒和其他微生物类群。这些微生物在肠道内共同生活并且相互作用，共同构成了一个复杂的微生物群落。

3.2 肠道微生物与人类健康

3.2.1 肠道微生物的功能

肠道微生物与人类健康密切相关，肠道微生物的功能主要体现在以下几个方面。

（1）参与并促进营养物质的消化和吸收

肠道微生物对消化系统至关重要。一方面，肠道微生物参与维生素、氨基酸和其他营养物质的合成，维持肠道内营养平衡，同时，肠道微生物还可以影响人体代谢过程，如葡萄糖和脂肪代谢。它们参与调节血糖水平和脂肪存储，对身体的能量平衡和体重调节有影响。另一方面，肠道微生物可以分解食物中未被宿主酶解的复杂碳水化合物，如纤维素和寡糖等，产生短链脂肪酸等有益物质，为宿主提供能量和营养物质。例如，肠道微生物参与分解食物中的纤维素、淀粉等难以消化的物质，产生有益的代谢产物，帮助人体消化吸收。

（2）免疫调节作用

肠道微生物对免疫系统具有调节作用，能够激活和调节免疫反应，保持免疫系统的平衡。

（3）防止病原微生物的侵袭

肠道微生物通过占据肠道生态位，竞争营养物质，阻止有害微生物的生长，维持肠道健康。例如，肠道微生物可以与病原微生物竞争营养和生存空间，从而起到防御作用，阻止病原微生物的侵袭和感染。

（4）影响宿主神经和心理健康

肠道微生物与中枢神经系统之间存在着复杂的相互作用。它们可以通过产生神经调节物质，如多巴胺和血清素等，影响宿主的情绪、认知和行为。

（5）参与维生素的生物合成

一些肠道微生物可以合成人体所需的维生素，如维生素K、维生素B_{12}等，有助于维持身体健康。

（6）药物代谢和耐受性

肠道微生物在药物代谢和吸收中起到重要作用，也和药物的疗效和毒性有关，在个体对药物的反应和耐受性方面具有影响。

（7）个体化医学和治疗

对个体肠道微生物组成的了解，可以为个体提供更加精准的医疗服务和个体化治疗方案。

3.2.2 肠道微生物的影响因素

（1）遗传因素

遗传因素对肠道微生物的组成和多样性具有一定影响。不同个体的基因差异可能导致对微生物的不同反应，进而影响肠道微生物的组成。

（2）饮食

饮食是影响肠道微生物的重要因素之一。不同的饮食习惯会导致肠道微生物的组成和功能的差异。高纤维、植物性食物的摄入可以促进丰富的菌群的生长，而高脂肪、高糖的饮食则可能导致菌群失衡。

（3）生活方式

运动、精神压力、睡眠质量等也会对肠道微生物产生影响。适度的体育锻炼有助于维持肠道微生物的丰富性和平衡性，而长期的精神压力和睡眠不足可能导致肠道微生物失调。

（4）环境因素

居住地区、生活环境、接触的化学物质等也可能对肠道微生物产生影响。例如，居住在城市和农村的人群其肠道微生物组成可能存在差异。

（5）药物的使用

抗生素的使用会破坏肠道微生物的平衡，导致微生物群落的紊乱。除抗生素外，其他药物如非甾体抗炎药、化疗药物等也可能对肠道微生物产生副作用。

（6）其他因素

年龄、性别、存在的疾病等也可能对肠道微生物产生影响。

3.3 肠道微生物的应用现状与发展前景

3.3.1 肠道微生物的应用现状

肠道微生物的应用进一步推动了肠道微生物研究的发展，为人类健康提供了新思路和新方法。目前，肠道微生物的应用尚处于研究阶段，仍需要根据个体情况和临床需要进行综合评估和决策。肠道微生物的应用主要集中在以下几个方面。

（1）健康管理

肠道微生物的研究应用于维护人体健康，例如通过益生菌和益生元的补充来调节肠道菌群平衡，改善消化功能，促进身体健康。

（2）疾病治疗

利用肠道微生物相关研究进行疾病治疗。例如，通过粪菌移植方法将健康供体的粪便转移到患者的肠道中，可重新建立健康的肠道微生物群落，有效改善病情。通过调整肠道微生物组成可有效预防及治疗肥胖、糖尿病等相关疾病。

此外，肠道微生物可以影响免疫反应的平衡，通过调节免疫细胞的活性和调节免疫介导的炎症过程，有助于治疗自身免疫性疾病。

（3）精准医学

将肠道微生物组成和功能作为生物标志物，用于疾病早期诊断、预后评估和个性化治疗的精准医学应用。随着对肠道微生物的了解不断深入，越来越多的研究将肠道微生物作为个体化医学的重要组成部分。根据不同的个体肠道微生物组成特点，可以为个体提供定制化的健康服务和治疗方案，以更好地保护和促进人体健康。

（4）药物研发

利用肠道微生物在药物代谢和毒性方面的作用，指导药物研发和个性化用药，提高药物疗效和减少不良反应。

（5）营养和健康产品开发

基于肠道微生物的研究结果，开发营养保健品，如益生菌和益生元产品，以维护肠道健康。

然而，目前肠道微生物研究还存在一些问题和挑战有待于进一步探究。

（1）复杂性和多样性

肠道微生物群的复杂性和多样性使得研究工作变得复杂，很难准确捕捉每个微生物的功能和相互作用。

（2）标准化方法

目前针对肠道微生物研究缺乏统一的标准化方法，导致不同研究结果之间的可比性较差。为了提高研究的准确性和可比性，需要建立统一的标准化方法学。

（3）样本来源和处理

样本来源的多样性和处理方法的差异可能影响研究结果的准确性和可靠性。肠道微生物研究依赖于粪便样本的收集和处理，但样本的收集方法、保存条件和DNA提取等环节的差异可能会对研究结果产生影响。因此，需要建立标准化的样本处理流程，以确保数据的可比性和可靠性。

（4）数据分析和解释

大规模的肠道微生物数据需要先进的生物信息学工具和技术进行处理和解读，数据量庞大且复杂性高，需要克服数据分析方面的挑战。

（5）临床应用的挑战

尽管肠道微生物与健康之间存在关联，但将这些研究结果转化为具体的临床应用仍面临挑战。现有的研究结果仍不够充分和一致，需要更多的临床试验来验证其效果和安全性。

（6）伦理和法律问题

在长期监测或干预肠道微生物的研究中，涉及伦理和法律方面的问题，需要严格遵循伦理规范。

（7）功能研究的局限性

目前对肠道微生物的研究主要集中于微生物组成的描述和分析，对功能的理解相对较少。这限制了我们对肠道微生物的具体功能和机制的理解。未来的研究需要更多地关注肠道微生物的功能和代谢物的影响，以揭示其在人体健康与疾病中的具体作用机制。

综上，肠道微生物研究的进一步发展需要克服上述问题，并采用更全面、多层次的研究方法，以便更好地了解肠道微生物的功能和意义。

3.3.2 肠道微生物的发展前景

肠道微生物领域的研究和发展前景非常广阔，具体表现在以下方面。

（1）个体化医学的发展

随着对肠道微生物的深入研究，我们将能够更好地了解不同个体的肠道微生物组成，从而为每个人提供个性化的预防和治疗策略。通过定制化的健康计划，可以更精确地预测和干预疾病的发生和发展。

（2）微生物介入的创新治疗方法

基于对肠道微生物与人体健康关联的深入认识，我们可以进一步开发创新的治疗方法。例如，通过改变肠道微生物菌群的组成，可以控制炎症反应、调节免疫系统、预防肠道感染等。这可能包括粪菌移植、定制的益生菌制剂、微生物代谢物的应用等。

（3）脑-肠轴和情绪健康的研究

肠道微生物与中枢神经系统之间的关系引起了广泛的关注。未来的研究将更深入地探索肠道微生物对情绪和心理健康的影响，并尝试开发针对脑-肠轴的干预和治疗策略。

（4）预防和管理慢性疾病

肠道微生物在许多慢性疾病的发病和进展中起着重要作用，包括肥胖、炎症性肠病、肝脏疾病、心脑血管疾病等。未来的研究将帮助我们更好地了解这些疾病与肠道微生物的关系，并开发相应的预防和管理方法。

尽管肠道微生物领域展示了巨大的潜力，但仍需进一步研究和临床验证。我们需要更深入地了解肠道微生物组成和功能的复杂性，并在安全性、有效性和个体差异性等方面进行更多的研究。肠道微生物的研究和应用前景令人非常期待，有望为人类健康带来更多的突破和创新。

参考文献

[1] Currie C R. A community of ants, fungi, and bacteria: a multilateral approach to studying symbiosis [J]. Annual Reviews in Microbiology, 2001, 55(1): 357-380.

[2] McArthur J V. Microbial ecology: An evolutionary approach [M]: Elsevier, 2006.

[3] Chae T U, Choi S Y, Kim J W, et al. Recent advances in systems metabolic engineering tools and strategies [J]. Current Opinion in Biotechnology, 2017, 47: 67-82.

[4] Gibson S A W, ed. Human health: the contribution of microorganisms[M]. Springer Science & Business Media, 2012.

[5] Karaman D S, Ercan U K, Bakay E, et al. Evolving technologies and strategies for combating antibacterial resistance in the advent of the postantibiotic era [J]. Advanced Functional Materials, 2020, 30(15): 1908783.

[6] El Mountassir G, Minto J M, van Paassen L A, et al. Applications of microbial processes in geotechnical engineering [J]. Advances in Applied Microbiology, 2018, 104: 39-91.

[7] Fakruddin M D, Mannan K S B. Methods for analyzing diversity of microbial communities in natural environments [J]. Ceylon Journal of Science, 2013, 42(1): 19-33.

[8] Collado M C, Cernada M, Baüerl C, et al. Microbial ecology and host-microbiota interactions during early life stages [J]. Gut Microbes, 2012, 3(4): 352-365.

[9] Milani C, et al. The first microbial colonizers of the human gut: Composition, activities, and health implications of the infant gut microbiota[J]. Microbiology and Molecular Biology Reviews, 2017, 81(4): e00036-17.

[10] Karkman A, Lehtimäki J, Ruokolainen L. The ecology of human microbiota: Dynamics and diversity in health and disease[J]. Annals of the New York Academy of Sciences, 2017, 1399(1): 78-92.

[11] Sekirov I, Russell S L, Antunes L C M, et al. Gut microbiota in health and disease [J]. Physiological Reviews, 2010,90(3):859-904.

[12] Flint H J, Scott K P, Louis P, et al. The role of the gut microbiota in nutrition and health [J]. Nature Reviews Gastroenterology & Hepatology, 2012, 9(10): 577-589.

[13] Shen T, Yue Y, He T, et al. The association between the gut microbiota and Parkinson’s disease, a meta-analysis [J]. Frontiers in Aging Neuroscience, 2021, 13: 40.

[14] Nicholson J K, Holmes E, Kinross J, et al. Host-gut microbiota metabolic interactions [J]. Science, 2012, 336(6086): 1262-1267.

[15] Patterson E, Ryan P M, Cryan J F, et al. Gut microbiota, obesity and diabetes [J]. Postgraduate Medical Journal, 2016, 92(1087): 286-300.

[16] Gareau M G, Sherman P M, Walker W A. Probiotics and the gut microbiota in intestinal health and disease [J]. Nature Reviews Gastroenterology & Hepatology, 2010, 7(9): 503-514.

[17] Gerritsen J, Smidt H, Rijkers G T, et al. Intestinal microbiota in human health and disease: The impact of probiotics [J]. Genes & Nutrition, 2011, 6: 209-240.

[18] Sánchez-Tapia M, Tovar A R, Torres N. Diet as regulator of gut microbiota and its role in health and disease [J]. Archives of Medical Research, 2019, 50(5) :259-268.

[19] Ianiro G, Bibbo S, Gasbarrini A, et al. Therapeutic modulation of gut microbiota: Current clinical applications and future perspectives [J]. Current Drug Targets, 2014, 15(8): 762-770.

[20] Gomaa E Z. Human gut microbiota/microbiome in health and diseases: A review[J]. Antonie van Leeuwenhoek International Journal of General and Molecular Microbiology, 2020, 113(12): 2019-2040.

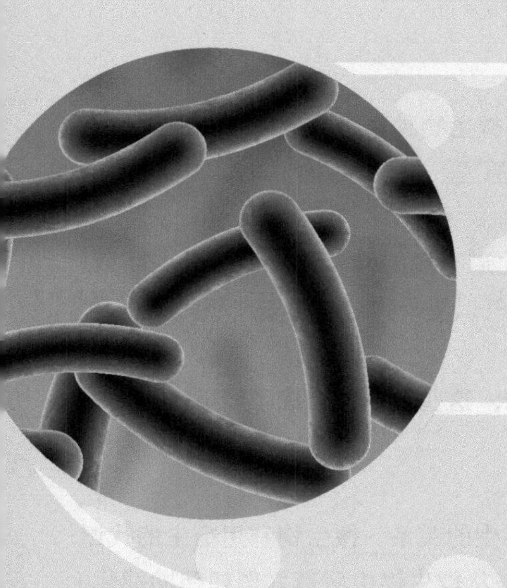

第4章 肠道微生物的生态学基础

肠道微生物的生态学基础是指肠道中微生物种类、数量和相互作用的科学原理。以下是肠道微生物生态学的基本原理。

（1）微生物入侵

肠道微生物主要通过口腔摄入和消化道下段的营养物质供给进入肠道。这些微生物可以来自外部环境、食物、空气以及个体自身的皮肤和黏膜。

（2）微生物多样性

肠道内存在着大量不同种类的微生物，这些微生物组成了肠道微生物群落，形成了非常复杂的生态系统。

（3）互利共生

肠道微生物和宿主之间形成了互利共生的关系。微生物利用宿主的代谢产物为其生存提供营养和环境，同时宿主从微生物中获益，例如帮助消化、促进免疫系统发挥作用等。

（4）功能和代谢

肠道微生物群落在消化、营养吸收、免疫调节和防止病原微生物入侵等方面起到关键作用。它们能够分解和吸收食物中的复杂多糖、纤维素和其他难消化物质，产生维生素和其他生物活性物质，并维持肠道的稳态和平衡。

（5）竞争和相互作用

肠道微生物之间存在着复杂的竞争关系和相互作用。不同种类的微生物通过竞争营养物质、空间和底物等资源来生存和繁殖。同时，它们也通过产生代谢产物、酶和其他信号物质等方式相互影响和调节。

（6）平衡与失衡

肠道微生物群落的平衡状态对于宿主健康至关重要。当外界环境、饮食、抗生素使用等因素引起微生物群落失衡时，可能导致肠道疾病、免疫系统失调甚至其他健康问题的发生。通过研究肠道微生物的生态学特征，我们可以更好地了解肠道微生物的结构和功能，以及与宿主健康之间的关系。这为我们探索肠道微生物群落的调控、肠道疾病的预防和治疗提供了重要的理论基础。

4.1 肠道微生物入侵

肠道微生物入侵是指本应存在于肠道内、处于平衡状态的微生物群落进入人体的其他部位，导致疾病的发生。一般来说，肠道内的微生物是与人体共生的，它们在肠道内发挥着一系列有益的功能，如消化食物、合成维生素、抑制病原微生物生长等。然而，有些情况下，这些微生物可能越过肠道壁，进入血液循环或其他器官组织，引发感染。肠道微生物的入侵可以通过多种途径发生。一种途径是通过肠道黏膜的破损，使微生物得以穿过肠道壁，这种情况常见于肠道感染和炎症性肠病等疾病。另一种途径是通过肠道中消化酶或细胞因子的异常释放导致肠道黏膜屏障的破裂，从而使微生物进入血液循环，这种情况通常被称为肠道通透性增加。因此，维持肠道黏膜屏障的完整性对于预防微生物进入血液循环至关重要。此外，一些微生物通过伤口、手术切口、导管插入口等途径进入其他组织和器官。

肠道微生物入侵对人体健康可能造成严重影响。某些微生物可能引起全身性感染，如败血症；有些微生物也可以引起特定器官感染，如心脏瓣膜感染、脑膜炎等。此外，肠道微生物入侵还可能引发免疫相关疾病的发生，如类风湿性关节炎。预防肠道微生物入侵的关键在于维护肠道的健康，这包括保持良好的个人卫生习惯、合理饮食、避免使用不必要的抗生素和免疫调节药物等。对于存在肠道感染或其他肠道疾病的患者，及时诊断和治疗，以防止微生物进一步入侵其他部位。对于已经发生肠道微生物入侵的患者，医生通常会根据引起感染的微生物种类和严重程度，选择适当的抗生素或其他方法进行治疗。早期治疗和有效的抗菌治疗可以避免感染的扩散和进一步的并发症。

预防肠道微生物入侵的主要策略包括以下几个方面。

（1）良好的个人卫生习惯

勤洗手，特别是在接触食物、上厕所后和与他人接触前后，使用洗手液或肥皂彻底清洗手部。这有助于防止微生物从手部传播到口腔和消化道。

（2）合理饮食

均衡饮食对维持肠道微生物的平衡很重要。多摄入富含膳食纤维、益生菌和益生元的食物，如新鲜蔬菜、水果、全谷类食物、酸奶等，以促进肠道微生物的健康生长。同时，避免过量摄入高脂肪、高糖和加工食品，因为这些食物可能破坏肠道微生物的平衡。

（3）避免过度使用抗生素

抗生素可以有效地杀灭细菌，但同时也会破坏肠道微生物的平衡。应在医生建议下合理使用抗生素，并按医嘱完成疗程。在使用抗生素期间，可以考虑同时补充益生菌，以帮助恢复肠道微生物的平衡。

（4）警惕食源性疾病

食源性疾病是通过摄入受污染的食物或水引起的。为了预防肠道微生物入侵，应确保食物和水源的安全性。遵循食品安全和卫生标准，如生熟食品分开存放、注意饮用水的消毒等。

（5）注重生活习惯

良好的生活习惯有助于维持肠道微生物的健康。保持充足的睡眠、减压放松、适度运动等都可以提高免疫力，维持肠道功能。

（6）定期体检和接种疫苗

接受定期健康检查，及早发现可能导致肠道微生物入侵的潜在疾病。同时，接受常规疫苗接种，可以帮助预防某些与肠道相关的传染病。

目前，对肠道微生物入侵的研究已经取得了一些重要的进展，主要包括以下几个方面。

（1）微生物群落与肠壁的交互作用

研究发现肠道微生物不仅存在于肠内容物中，也存在于肠壁表面，肠壁与微生物之间发生着复杂的相互作用。微生物可以通过黏附和侵入肠壁表面，与肠上皮细胞和免疫系统进行直接交互，并影响宿主的免疫应答。

（2）微生物黏附和侵入的机制研究

通过研究特定微生物菌株和肠道病原微生物的黏附和侵入机制，可以了解其与宿主肠道之间的黏附蛋白、受体、信号传导通路等关键分子的相互作用。这些研究可为阐明微生物入侵的机制和发展针对性的干预措施提供一定的理论基础。

（3）免疫调节和肠道屏障研究

肠道微生物入侵可以激活宿主的免疫系统，并引起炎症反应。研究人员通过对肠道免疫调节和肠道屏障功能理解的不断深入，从而揭示宿主与微生物入侵之间的互动关系。

（4）疾病与微生物入侵的关联研究

微生物入侵与一些肠道疾病的关联性也被广泛研究。研究人员发现，在某些炎症性肠道疾病（如克罗恩病、溃疡性结肠炎）和自身免疫性疾病（如类风湿性关节炎、系统性红斑狼疮）中，微生物入侵可能起到重要的作用。通过研究微生物入侵与这些疾病的关系，有望为疾病的诊治提供新的思路。

尽管目前关于肠道微生物入侵的研究已经取得了一些进展，但仍存在许多未解之谜。将来的研究需要进一步深入探索微生物入侵的机制、与宿主免疫系统的交互以及与疾病的关联，从而为肠道微生物入侵的防治提供更好的理论基础和实践指导。

肠道微生物入侵研究具有广阔的前景，表现在以下几个方面。

（1）发现新的微生物入侵机制

随着对微生物入侵研究的深入，我们将能更好地理解微生物如何穿过肠黏膜屏障，侵入机体内部。这将有助于发现新的微生物入侵机制以及与宿主细胞相互作用的关键分子。

（2）开发预防和治疗策略

深入了解微生物入侵的机制和影响因素将为开发预防和治疗微生物入侵相关疾病的策略提供新的思路。可以通过针对微生物黏附、入侵相关分子的抗体或药物来阻止微生物入侵，或者通过改善肠道屏障功能来减少微生物的入侵。

（3）定制个体化治疗

微生物入侵研究的深入将为个体化治疗提供基础。通过分析个体肠道微生物组成及其可能的入侵特性，可以制定个体化的预防和治疗方案，以满足个体的特定需求和状况。

（4）探索微生物入侵与疾病的关系

微生物入侵与肠道炎症性疾病、自身免疫性疾病等多种疾病之间存在关联。未来的研究将进一步探索微生物入侵与这些疾病的关系，并为疾病的诊断、预防和治疗提供新的线索。

（5）促进肠道微生物工程研究

对微生物入侵机制的深入理解将有助于肠道微生物工程的发展。可通过改变某些微生物菌株的入侵能力，开发有益的肠道微生物，以促进人体健康。

综上所述，肠道微生物入侵研究前景广阔。通过深入探索微生物入侵的机制和与疾病的关系，可以为预防和治疗相关疾病提供新的方向和策略，实现个体化治疗，并推动肠道微生物工程的发展，这将为人类的健康提供更好的保障。

4.2 肠道微生物多样性

肠道微生物的多样性是指不同种类的微生物在肠道中的数量和比例的丰富程度。多样性较高意味着肠道内存在更多种类的微生物，并且它们的数量分布比较均衡。相反，多样性较低意味着肠道内的微生物主要由某一种或少数几种微生物组成，并且它们的数量分布不平衡。肠道微生物的多样性对人体健康具有重要影响。多样性较高的肠道微生物可以提供多种益生菌和代谢产物，有助于保持肠道的正常功能、增强免疫系统、促进食物消化和吸收等。此外，多样性较高的肠道微生物还可以抑制有害菌的生长，预防和缓解多种疾病，如肠道炎症、肠易激综合征等。

保持肠道微生物的多样性对人体健康至关重要，为了维持肠道微生物的多样性，人们可以采取以下措施。

（1）均衡饮食

摄入多样化、均衡的饮食，包括蔬菜、水果、蛋白质和健康脂肪，有助于提供多样的益生物质，促进肠道微生物群落的多样性。避免偏食和食用过度加工的食物。

（2）多样化的膳食纤维

膳食纤维是益生菌的主要营养物质，增加摄入多样的膳食纤维，如水果、蔬菜等，有利于肠道微生物的多样性。

（3）预生物食物

预生物食物是一种不易消化的食物成分，如洋葱、大蒜、酸奶等，可以促进益生菌的生长繁殖，有助于维持肠道微生物的多样性。

（4）限制添加糖和加工食品

高糖饮食和加工食品可能会影响肠道微生物的多样性，有害菌类微生物会受到这些食物的滋养，而益生菌可能会受到抑制。

（5）避免过度销毁微生物

避免频繁使用抗生素等过度销毁肠道微生物，从而有利于维持肠道微生物多样性。

（6）定期运动

适量的运动有助于促进肠道蠕动和循环，改善肠道环境，改善益生菌的生存环境，有利于肠道微生物的多样性和平衡。

（7）减轻压力

长期的高压力可能会对肠道微生物产生负面影响，可以通过适当的放松和休息来调整情绪。保持心情愉快、减轻压力，有利于维持良好的肠道微生物多样性。

肠道微生物多样性的研究在过去几年取得了很大的进展，但仍存在一些问题和挑战，具体包括以下几方面。

（1）样本来源和数量有限

许多肠道微生物多样性研究的样本来源有限，且样本数量较少，这使得部分研究结果具有局限性。扩展样本来源和增加样本数量对于获得更全面的结果至关重要。当前研究主要集中在健康个体或特定疾病群体上，这可能导致结果的偏差，无法全面反映整个人群的肠道微生物多样性。

（2）技术方法的局限性

传统的 16S rRNA 基因测序方法虽然被广泛应用于微生物多样性研究，但存在分辨率低、信息局限等问题，无法充分揭示微生物群落的复杂结构。提高测序技术的精度和适用性，探索更多先进的分子生物学和生物信息学方法是一个挑战。

（3）数据分析和解释复杂性

大规模微生物数据的处理和解释是一个复杂而具有挑战性的任务。足够的生物信息学能力和对数据分析方法的深入理解是必不可少的，可以有效挖掘数据中隐藏的信息和趋势。

（4）个体差异和干扰因素

个体之间的微生物差异性很大，受遗传、环境、饮食等因素的影响。在研究微生物多样性时，需要考虑这些差异因素，以减少干扰因素对结果的影响。

（5）缺乏长期追踪和研究

长期追踪和研究对于了解肠道微生物群落结构的动态变化和影响因素至关重要，但长期大规模的研究尚有局限性和挑战性。

（6）临床应用转化困难

尽管肠道微生物多样性研究在科学领域取得了重要进展，但将这些研究成果转化为临床应用仍存在一定难度，需要跨学科团队合作和更多的应用研究。

肠道微生物多样性研究未来可能在以下几个方面取得突破性进展。

（1）个性化医学和制定定制化营养方案

通过深入研究肠道微生物多样性，可以实现个性化医学和定制化营养方案的发展。基于个体微生物特征的定制化治疗和饮食方案将成为未来的发展方向。

（2）微生物-疾病关联研究

进一步探索肠道微生物多样性与慢性疾病之间的关联，有助于揭示微生物在疾病发生和发展中的作用机制，为相关疾病的预防和治疗提供新的思路和方法。

（3）微生物转移疗法

肠道微生物转移疗法被认为是一种潜在的治疗方法，可应用于治疗慢性肠道疾病、抗生素相关性腹泻等。

（4）微生物调控

利用益生菌和其他微生物调节剂进行微生物的调控将成为治疗慢性疾病和维持健康的重要手段。

（5）生物信息学技术和人工智能技术的应用

结合生物信息学技术和人工智能技术，将有助于更有效地解释和分析大规模微生物数据，发现微生物的新功能。

（6）环境与生活方式调控

肠道微生物多样性受环境和生活方式的影响，未来将更多关注食物、药物、运动和压力等因素对微生物结构的作用。

4.3 肠道微生物与宿主间的互利共生

肠道微生物与宿主之间的互利共生是指宿主（人类或动物）与居住在其肠道内的微生物之间存在一种相互依赖的关系。肠道微生物与宿主之间的互利共生对宿主的健康非常重要。肠道微生物能够与宿主共同生存，并通过生态系统的形式相互作用。通过维持肠道微生物群落的平衡，我们可以保护宿主的健康，并预防肠道疾病。一方面，肠道微生物可以帮助宿主消化食物，为宿主提供能量和营养物质，并促进免疫系统的发育和调节。肠道微生物还广泛参与了宿主的代谢过程的调节，例如能量代谢、葡萄糖调节和脂质代谢等。另一方面，宿主的肠道提供适合微生物生长的温度、pH值以及丰富的营养物质，为肠道微生物的生存提供了一个稳定的生存环境。同时，宿主的免疫系统也可以对微生物进行识别和调节，以保持微生物群落的稳定。根据肠道微生物与宿主的互利共生关系，可以研发更多基于益生菌和益生元等保健产品，用于促进消化健康、免疫系统强化和维持肠道平衡。这些微生物制剂可以改善肠道微生物群落的平衡，增强宿主的免疫力。综上，肠道微生物与宿主之间的互利共生对宿主的健康产生重要的影响。了解肠道微生物与宿主之间相互关系对于药物研发具有指导意义，有望为开发更有效的微生物调控药物提供新的理念和途径。

4.4 肠道微生物功能与代谢研究

肠道微生物在宿主的代谢过程中发挥了多种重要功能。它们参与了食物消化和营养吸收、毒素代谢、维生素合成、能量调节和代谢调控以及免疫系统调节等过程，对宿主的健康具有重要影响。通过深入研究肠道微生物的功能和代谢机制，可以更好地理解肠道微生物与宿主之间的互动关系，并为宿主健康提供创新的治疗和调控策略。

为了深入了解肠道微生物的功能和代谢机制，研究人员采用了代谢组学、宏基因组学、荧光定量PCR、动物模型和临床研究等不同策略对肠道微生物功能与代谢进行了深入研究。

目前，肠道微生物功能与代谢的研究是一个充满挑战的领域，存在一些问题有待解决。

（1）样本来源的多样性

肠道微生物群落的组成和功能在个体之间存在巨大差异，因此在研究中需要考虑到个体差异和样本来源的多样性，以确保研究结果的可靠性和可重复性。

（2）数据解读的复杂性

肠道微生物功能与代谢的研究通常涉及大量的数据，涵盖多个层面，包括代谢产物、基因组、基因表达等。解读这些数据并建立功能和代谢的关联是一项复杂的任务，需要使用合适的数据处理和分析方法。

（3）潜在的共线性问题

肠道微生物与宿主代谢之间的相互作用往往是相互关联的。因此，在研究中存在潜在的共线性问题，即很难确定是肠道微生物的变化导致了代谢变化，还是代谢变化导致了肠道微生物变化。

（4）因果关系的确认困难

肠道微生物与宿主之间的关系是相互作用的，很难确定因果关系。研究人员常常需要使用动物模型或者进行临床干预研究来确认肠道微生物的功能和代谢对宿主健康的具体影响。

（5）技术和方法的局限性

目前的研究方法和技术在分析肠道微生物功能和代谢方面还存在一些局限性。例如，由于某些微生物代谢产物的低浓度或特异性，可能无法被常规的分析方法检测到，因此仍需要不断发展创新的技术和方法来解决这些问题。

肠道微生物功能与代谢研究是当前热门的领域，有望为未来的医学研究和临床实践带来革命性的变革，在疾病治疗领域具有广阔的应用前景。

（1）微生物功能与代谢和疾病关联研究

进一步探索肠道微生物功能与代谢和疾病之间的关联，深入研究这些关系可以为预防、治疗和管理相关疾病提供新的理念和方法。

（2）微生物代谢产物研究

研究微生物代谢产物的合成途径、种类及其对宿主健康的影响，发展更多的微生物代谢产物作为潜在的药物靶标或调节因子，有望为药物研发提供新思路。

（3）微生物代谢组学研究

运用代谢组学技术，深入解析肠道微生物代谢产物组成、变化和功能，为个性化营养和医疗提供指导。

（4）微生物-宿主关系调控机制研究

研究微生物通过代谢产物对宿主健康产生影响的分子机制，探索微生物-宿主相互作用的调节过程以及环境对此过程的影响，为微生态系统调控提供更深入的理解。

（5）微生物代谢组学与精准医疗

结合微生物代谢组数据和精准医疗概念，开展精准医疗应用研究。基于个体微生物代谢特征定制化医疗干预和个性化治疗，实现更精准、更有效的治疗方案。

（6）功能食品和益生菌开发

基于对肠道微生物功能和代谢的深入了解，研发更具针对性的功能食品和益生菌，以调节微生物群落的多样性和平衡，帮助促进肠道健康。

4.5 肠道微生物间的竞争

肠道微生物之间存在着激烈的竞争关系。肠道是一个相对封闭的环境，微生物在该环境中需要竞争资源和生存空间。以下是肠道微生物竞争的几个方面。

（1）营养资源竞争

肠道中存在有限的营养资源，包括食物残渣、葡萄糖、脂肪酸等。不同种类的微生物会竞争这些资源，以满足其生长和繁殖的需求。较具竞争力的微生物可能会占据更多资源，促进其数量的增加。

（2）空间竞争

肠道黏膜表面是微生物定居和繁殖的重要场所之一。各种微生物之间会进行空间竞争，例如竞争黏附于肠壁上的位置。一些微生物会产生黏附蛋白质或多糖，以占据更多的空间，形成类似生态栖息地的结构。

（3）生态平衡的相互作用

肠道微生物之间的相互作用可以是竞争性的，也可以是互利共生的。一些微生物可以产生物质或信号分子，对其他微生物产生抑制作用，从而抑制竞争者的生长。一些微生物之间也可以通过协同作用来共同利用资源，例如一些菌种可以产生酶，分解大分子食物，为其他菌种提供营养。

（4）抗生素抵抗竞争

某些微生物可以产生抗生素，用于抵抗竞争者。这些抗生素可以抑制竞争者生长和繁殖，为自身提供更好的生存环境。

肠道微生物之间的竞争影响着微生物群落的组成和功能。了解这些竞争机制，有助于更好地理解肠道微生物的功能和对宿主健康的影响。

肠道微生物的竞争研究是一个复杂的领域，涉及多个层面的研究。以下是一些主要的研究策略和方法。

（1）16S rRNA基因测序

通过对样本中的微生物DNA进行测序，可以了解肠道微生物的组成，从而分析不同微生物之间的竞争。

（2）扩增测序方法

如荧光原位杂交（FISH）和荧光标记的原位杂交（CARD-FISH）等，可用于直接观察和定量测定微生物种群在肠道内的分布和相互作用。

（3）元基因组学或元转录组学分析

通过对肠道微生物群落进行元基因组学或元转录组学分析，可以了解微生物种群的潜在代谢功能和基因调控网络，揭示微生物之间的代谢竞争和相互作用机制。

（4）体外模型实验

如利用体外模型（如发酵罐模型或肠道微生物模型）模拟肠道环境，研究微生物在不同条件下的竞争。

（5）动物模型实验

通过进行动物模型实验，可以揭示微生物相互作用对宿主代谢和免疫系统的影响。

（6）计算机模拟

利用计算机模拟，可以揭示微生物在肠道内的种群动态和相互关系，以及不同因素（如营养、药物等）对微生物群落结构的影响。

（7）实验室培养

虽然大部分肠道微生物无法在实验室中培养，但通过一些特定的培养条件和技术，可以成功培养一些肠道微生物菌株。这可以帮助研究微生物之间的竞争关系，以及它们对环境的响应。

综上所述，肠道微生物的竞争研究需要综合运用不同的研究策略和方法。这些策略和方法可以帮助解析微生物之间的竞争关系。

肠道微生物的竞争研究已经有了一些有趣的实例。以下是其中的一些示例。

（1）碳源竞争

不同微生物之间存在碳源的竞争。例如，在动物模型实验中，一种名为嗜热链球菌（*Streptococcus thermophilus*）的致病菌可以竞争性地利用肠道内的葡萄糖，导致其他微生物的葡萄糖摄取受限，从而影响其生长和数量。

（2）氮源竞争

研究发现，一些氮吸收能力较强的肠道微生物可以利用肠道中的氮源，竞争性地减少其他微生物对氮的利用，从而改变肠道微生物群落的结构和功能。

（3）发酵产物竞争

研究发现，一些微生物种类可以竞争性地利用发酵过程中生成的中间产物，从而影响其他微生物的生长和代谢能力。肠道微生物通过发酵过程产生多种代谢产物，如短链脂肪酸。短链脂肪酸是肠道微生物主要代谢产物之一，在维持肠道健康和免疫调节方面起到重要作用。

（4）抗生素抵抗竞争

肠道微生物之间也存在抗生素抵抗的竞争关系。一些微生物可以产生抗生素，以抵抗竞争者的生长和繁殖。

肠道微生物的竞争是一个重要的研究领域，目前仍存在一些问题需要解决。

首先，肠道微生物的复杂性给研究带来了挑战。肠道中存在着大量不同种类的微生物，它们之间存在着复杂的相互作用。研究人员需要深入了解这些微生物的身份和功能，并确定它们之间的相互作用。然而，鉴定微生物的种类和功能是一项困难且耗时的任务。

其次，肠道微生物的竞争在不同的宿主个体之间可能存在差异。宿主的遗传背景、饮食、生活方式等因素都可能影响宿主肠道微生物的组成和功能。因此，研究人员需要考虑这些因素，并确定它们对微生物竞争的影响。

再次，研究肠道微生物竞争的方法也需要改进。目前，大多数研究使用的是体外模型或小鼠模型。然而，这些模型很难完全还原人类肠道的复杂微生物生态系统。因此，开发更符合真实情况的模型是一个重要的挑战。

肠道微生物竞争的研究还需要更多的跨学科合作。这个领域涉及微生物学、营养学、生态学、遗传学等多个学科的知识。促进跨学科的合作可以提供更全面的视角和方法来解决问题。

因此，解决这些问题需要研究人员的努力和创新。通过改进方法、深入研究微生物的身份和功能、考虑宿主因素，并促进跨学科合作，我们将能够更好地了解肠道微生物的竞争。

肠道微生物的竞争研究具有广阔的前景。

首先，深入了解肠道微生物的竞争对于人类健康至关重要。肠道微生物在人体健康中扮演着重要的角色，影响着营养吸收、免疫系统的发育和功能、代谢调节等多个方面。通过研究微生物之间的竞争，可以揭示微生物在这些生理过程中的具体机制，为预防和治疗相关疾病提供新的思路和方法。

其次，肠道微生物竞争的研究还可以为微生物组成和功能的调控提供启示。了解微生物之间的竞争关系，可以帮助我们理解为何某些微生物会生存和繁殖，而其他微生物则会被排斥或抑制。通过调整微生物的竞争关系，我们可以针对性地改善肠道微生物组成，提高人体健康水平。

再次，肠道微生物的竞争研究也为开发新的微生物治疗方法提供了途径。微生物疗法已经在治疗一些肠道相关疾病，如慢性肠炎和肠道感染中取得了成功。对微生物之间的竞争关系进行深入研究，可以帮助我们更好地设计微生物疗法的组合，提高治疗效果。

参考文献

[1] Qin J, et al. A metagenome-wide association study of gut microbiota in type 2 diabetes [J]. Nature, 2012, 490(7418):55-60.

[2] David L A, et al. Diet rapidly and reproducibly alters the human gut microbiome [J]. Nature, 2014, 505(7484):559-563.

[3] Cho I, Yamanishi S, Cox L, et al. Antibiotics in early life alter the murine colonic microbiome and adiposity [J]. Nature, 2012, 488(7413): 621-626.

[4] Lozupone C A, et al. Diversity, stability and resilience of the human gut microbiota [J]. Nature, 2012, 489(7415):220-230.

[5] Knights D, Kuczynski J, Charlson E S, et al. Bayesian community-wide culture-independent microbial source tracking [J]. Nature Methods, 2011, 8(9): 761-763.

[6] Franzosa E A, Huang K, Meadow J F, et al. Identifying personal microbiomes using metagenomic codes [J]. Proceedings of the National Academy of Sciences, 2015, 112(22): E2930-E2938.

[7] Knights D, Ward T L, McKinlay C E, et al. Rethinking "enterotypes" [J]. Cell Host & Microbe, 2014, 16(4): 433-437.

[8] Trøseid M, Andersen G Ø, Broch K, et al. The gut microbiome in coronary artery disease and heart failure: Current knowledge and future directions [J]. EBioMedicine, 2020, 52:102649.

[9] Vieira-Silva S, Sabino J, Valles-Colomer M, et al. Quantitative microbiome profiling disentangles inflammation-and bile duct obstruction-associated microbiota alterations across PSC/IBD diagnoses [J]. Nature Microbiology, 2019, 4(11): 1826-1831.

[10] Lloyd-Price J, et al. Multi-omics of the gut microbial ecosystem in inflammatory bowel diseases [J]. Nature, 2019, 569(7758):655-662.

[11] Zuo T, Lu X J, Zhang Y, et al. Gut mucosal virome alterations in ulcerative colitis [J]. Gut, 2019, 68(7): 1169-1179.

[12] Sun Y, Luo Z, Chen Y, et al. si-Tgfbr1-loading liposomes inhibit shoulder capsule fibrosis via mimicking the protective function of exosomes from patients with adhesive capsulitis[J]. Biomaterials Research, 2022, 26(1): 1-15.

[13] Ha C W Y, Martin A, Sepich-Poore G D, et al. Translocation of viable gut microbiota to mesenteric adipose drives formation of creeping fat in humans [J]. Cell, 2020, 183(3): 666-683.

[14] Lloyd-Price J, et al. Strains, functions and dynamics in the expanded Human Microbiome Project [J]. Nature, 2017, 550(7674):61-66.

[15] Jung H, Ventura T, Chung J S, et al. Twelve quick steps for genome assembly and annotation in the classroom [J]. PLoS Computational Biology, 2020, 16(11): e1008325.

[16] Cheng X, Dou Z, Yang J, et al. Highly sensitive and rapid identification of Streptococcus agalactiae

based on multiple cross displacement amplification coupled with lateral flow biosensor assay [J]. Frontiers in Microbiology, 2020, 11: 1926.

[17] Wong S H, et al. Quantitation of faecal Fusobacterium improves faecal immunochemical test in detecting advanced colorectal neoplasia [J]. Gut, 2017, 66(8):1441-1448.

[18] Wang T, et al. Structural segregation of gut microbiota between colorectal cancer patients and healthy volunteers [J]. The ISME Journal, 2012, 6(2):320-329.

[19] Tong Y X, Liang Y C. The gut microbiota and human health [J]. Lett Biotechnol, 2014, 25(6): 896-900.

[20] Li J, et al. An integrated catalog of reference genes in the human gut microbiome [J]. Nature Biotechnology, 2014, 32(8):834-841.

[21] Qin N, et al. Alterations of the human gut microbiome in liver cirrhosis [J]. Nature, 2014, 513(7516):59-64.

[22] Noecker C, Chiu H C, McNally C P, et al. Defining and evaluating microbial contributions to metabolite variation in microbiome-metabolome association studies [J]. MSystems, 2019, 4(6): e00579-19.

[23] Raman A S, Gehrig J L, Venkatesh S, et al. A sparse covarying unit that describes healthy and impaired human gut microbiota development[J]. Science, 2019, 365(6449): eaau4735.

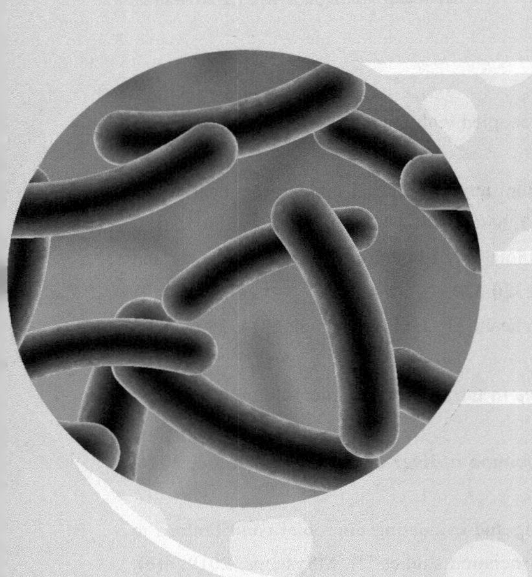

第5章 肠道微生物的研究方法

肠道微生物相关研究深化了我们对人体与微生物之间复杂相互作用的理解，为疾病的预防、诊断和治疗提供新的思路和方法，有力推动了个性化医学的发展。

肠道微生物是当前生命科学领域的热点之一，对于理解微生物在肠道中的生态定位、影响宿主健康的机制以及开发微生物治疗手段等方面具有重要意义。肠道微生物研究是一个复杂而多维的领域，需要综合运用多种技术和方法以全面理解微生物在肠道内的结构、功能和相互作用，为深入探究微生物与宿主的关系、寻找治疗疾病的新途径提供重要支持。本章重点介绍了近年来肠道微生物的研究方法。

5.1 肠道微生物研究策略、方法与主要内容

5.1.1 肠道微生物研究策略

肠道微生物研究的主要策略包括如下几个方面。

（1）描述性研究

通过16S rRNA基因测序技术或宏基因组测序技术，对肠道微生物的组成和多样性进行描述性分析。这种策略可以揭示不同人群、不同健康状态下肠道菌群的特征，并发现可能的微生物标志物。

（2）功能性研究

通过元转录组学、元蛋白组学和代谢组学等技术，研究肠道微生物的功能。这种策略可以揭示肠道微生物的代谢能力、功能调控机制以及它们与机体的相互作用，对于深入了解肠道微生物对宿主的影响具有重要意义。

（3）比较研究

将肠道微生物群落的组成和功能在不同组群或不同条件下进行比较，以发现富集或缺失的微生物菌株，并探索其在疾病发生和发展中的作用。

（4）干预研究

通过外源微生物制剂、改善饮食、药物干预等方式，探索肠道微生物的调控和修复策略。这种策略可以验证肠道微生物的功能，以及研究干预手段

对肠道微生物组成和功能的影响。

（5）临床转化研究

在人群中进行大规模、长期的前瞻性研究，探索肠道微生物与健康之间的关系，为开展相关的临床实践和治疗提供依据。

上述策略常常是综合运用的，从而可以全面了解肠道微生物与宿主的相互关系，并挖掘其在疾病预防、诊断和治疗中的潜在应用价值。

5.1.2 肠道微生物研究方法

肠道微生物研究涉及多个方面，包括微生物组成、功能、种群结构、代谢活动等，因此需要综合运用多种研究方法。以下是一些常用的肠道微生物研究方法。

（1）16S rRNA基因测序

通过16S rRNA基因测序可以对微生物进行物种鉴定和分类，揭示微生物在群落中的丰度和多样性。

（2）宏基因组测序

宏基因组学是研究微生物群落的全部基因组。通过宏基因组测序，可以揭示微生物群落的遗传潜力和功能潜能。

（3）功能基因组测序

通过对肠道微生物的功能基因进行测序分析，可以揭示肠道微生物在肠道内的代谢功能和生态作用。

（4）代谢组学测序

研究肠道微生物代谢产物的组成和变化，可以揭示肠道微生物的代谢活动和与宿主的相互影响。

（5）功能验证实验

包括体外培养、动物模型实验等，用于验证肠道微生物的功能和作用机制。

（6）微生物转移实验

通过肠道微生物转移实验，可以研究肠道微生物与宿主之间的相互作用，包括对宿主健康的影响。

（7）生态学分析

研究微生物群落的结构、稳定性和动态变化，探究微生物与宿主健康之间的关联。

（8）生物信息学分析

对大规模微生物数据进行处理和分析，包括基因功能注释、多样性分析、群落结构分析等。

综合运用以上这些研究方法，可以全面深入地了解肠道微生物的组成、功能和相互作用，有助于揭示微生物与宿主健康之间的关系，为相关疾病的预防和治疗提供科学依据。

5.1.3 肠道微生物研究内容

肠道微生物的研究内容主要包括以下几方面。

（1）肠道菌群组成研究

研究肠道菌群的组成，即菌群中各种微生物的种类和数量分布。通过测序技术，可以对肠道菌群的组成进行准确鉴定和定量分析。

（2）肠道菌群功能研究

研究肠道菌群在宿主中的功能活动，包括代谢活性、产生的代谢产物、参与的生理调节等。

（3）肠道菌群与宿主间的相互作用研究

研究肠道菌群与宿主间的相互作用机制，包括菌群对宿主免疫系统的调节、菌群对宿主营养代谢的影响、菌群与宿主细胞的相互作用等。

（4）肠道菌群与疾病关系研究

研究肠道菌群与疾病之间的关联。通过比较病人与健康人的菌群组成差异和功能变化，揭示菌群在疾病的预防、发生和发展中的作用机制。

（5）肠道菌群调控研究

通过调控肠道菌群以达到预防和治疗疾病的目的的研究。包括微生物制剂的应用，以及通过饮食、药物、生活方式等对肠道菌群进行调节的研究。

5.2 高通量测序技术的发展与肠道菌群研究

高通量测序技术是肠道微生物研究的重要手段之一。高通量测序技术极大地推动了肠道菌群研究以及其他微生物学领域的发展。高通量测序技术主要具有以下优点。

（1）高通量性

高通量测序技术能够在短时间内生成大量的测序数据，远超过传统测序技术。这使得研究人员能够对更多的样本进行深入的测序，从而获得更全面和准确的数据。

（2）高精度

高通量测序技术具有较高的测序精度，能够准确地测定DNA或RNA的碱基序列。这有助于避免测序错误和嵌合体的发生，提高数据的准确性。

（3）高灵敏度

高通量测序技术能够检测到微生物群落中低丰度的微生物。这对于发现罕见微生物、研究微生物多样性变化以及了解微生物与宿主的相互作用具有重要意义。

（4）广泛适用性

高通量测序技术适用于多种样本类型，包括DNA、RNA以及其他核酸序列。它可被广泛应用于不同领域的研究，如肠道菌群研究、微生物组成分析、生态学研究等。

（5）数据量大、信息丰富

高通量测序技术产生的大量数据能够提供丰富的信息，不仅可以了解微生物的组成，还可以揭示微生物的功能、代谢通路、基因表达等，这为深入理解微生物群落的作用机制提供了重要的资源。

随着第二代、第三代高通量测序技术的发展，进一步拓展了高通量测序在生命科学研究中的应用，并为生物学研究和医学诊断提供了更强大的工具和平台，提供了更多精准数据和分析手段，使我们能够更全面、更深入地了解肠道菌群的组成、结构和功能，促进了我们对微生物世界的深入认知，从而为疾病的研究奠定基础。第二代和第三代高通量测序技术具有更快的测序速度和更大的测序吞吐量，能够在较短的时间内产生大量的测序数据，加快了研究和应用的进程。新一代高通量测序技术在提高测序精度和准确性方面取得了显著进步，有助于准确获取生物学信息并减少测序误差。第二代和第三代高通量测序技术不仅可用于基因组测序，还可应用于转录组学测序、蛋白组学测序、表观基因组学研究等不同领域，扩大了其在生命科学研究中的应用范围。随着技术的成熟和普及，高通量测序的成本逐渐下降，使更多的研究机构能够承担测序费用，推动了生命科学研究的发展。针对高通量测序数据的分析软件和工具也得到了快速发展，能够更有效地处理和解释大规模测序数据，帮助研究人员从海量数据中提取有意义的信息。高通量测序技术的不断创新和完善为基因组研究提供了更深入的手段，例如全基因组测序、单细胞测序、全转录组测序等技术的应用，推动了基因组学领域的研究进展。

5.2.1 第一代测序技术

第一代测序技术是早期使用的测序方法，其主要基于Sanger测序原理。虽然第一代测序技术相对较慢，成本较高，但仍具有较高的准确性，为肠道菌群研究和微生物组成分析提供了有效工具，并为后续的高通量测序技术的发展奠定了基础。第一代测序技术主要优点有高准确性，能够获得高质量的DNA序列数据；适用于小规模测序，可以高效地测序较少的样本数；序列长度可控，可根据需求选择读取所需的序列长度，灵活度较高。

第一代测序技术的主要缺点如下：低通量，每次只能测序较短的片段，无法满足大规模测序需求；高成本，相对于高通量测序技术，第一代测序技术的成本较高，它需要更多的试剂和时间来完成测序过程；依赖于克隆和扩增，需要将目标DNA片段进行克隆和扩增，这涉及大量的实验操作和时间成本；读长有限，相对于第三代测序技术，第一代测序技术的读长相对较短，无法获得完整的基因组信息或长的扩增子序列。

第一代测序技术的步骤包括DNA片段制备、测序反应、分离DNA片段、读取测序结果、数据分析和结果验证等多个环节，通过这些步骤可以得到待测序列的准确结果。第一代测序技术的几个关键步骤如下。

（1）DNA提取和纯化

首先从样本中提取待测DNA，然后对DNA进行纯化处理，以去除杂质和降低测序反应中的干扰物质。

（2）目标序列的扩增

将待测DNA进行定向放大，通常采用PCR技术，制备成较短的DNA片段。每一个DNA片段包含待测序列的目标区域。根据需要研究的微生物或基因，选择合适的特异性引物对目标基因进行PCR扩增。使用DNA模板、特异性引物和DNA聚合酶等反应组分进行PCR扩增，使目标序列被扩增到足够的数量。

（3）测序反应

在一系列测序反应中，每个测序反应管中加入DNA片段、DNA聚合酶、特异性引物、四种dNTPs（脱氧核苷三磷酸）和少量的ddNTP（双脱氧核苷三磷酸，会随机终止DNA合成），随着DNA聚合酶合成DNA链，ddNTP的加入使得DNA链停止延伸。反应中的四种ddNTP的比例是不同的，每种ddNTP会终止DNA链的延伸，生成包含不同长度的DNA片段。

（4）DNA片段的凝胶电泳分离

通过聚丙烯酰胺凝胶电泳或毛细管电泳，将不同长度的DNA片段分离，生成测序反应的分辨图谱。根据电泳结果，可以读出不同长度的DNA片段的顺序，由最长到最短的DNA片段依次读出其序列，并将测序结果记录下来。使用测序仪读取PCR扩增产物在凝胶中的分离结果。

（5）数据分析

对测序结果进行数据分析，包括读取测序片段、拼接序列、质量控制和碱基校正等处理，以获取准确的DNA序列信息。通过计算机软件对测序结果进行碱基配对和序列拼接，得到最终的DNA序列数据。

（6）结果验证

通常需要进行多次测序实验，相互验证以确保准确性和可靠性。

5.2.2 第二代测序技术

第二代测序技术主要指的是利用高通量测序平台（如Illumina）进行扩增子测序的方法。第二代测序技术的高通量、高灵敏度和低成本使其成为研究微生物组成和群落结构的重要工具。第二代测序技术最常用的是16S rRNA基因测序。第二代测序技术通过分析特征性rRNA基因可变区序列差异，可以揭示微生物群落的组成和结构特征，以及微生物菌群之间的互作关系。第二代测序技术是一种高效、快速、低成本的方法，广泛应用于肠道菌群研究。其中16S rRNA是细菌和古菌的特征性基因，通过对其进行PCR扩增并测序，可以快速、高通量地鉴定和描述肠道菌群的组成结构，并进行群落多样性分析。

下面以Illumina测序平台为例，介绍第二代测序技术关键步骤。

（1）扩增目标基因

通常选择16S rRNA基因作为扩增目标，通过特异性引物扩增该基因片段。16S rRNA基因是微生物中高度保守的基因，其变异区域可以用于区分不同的微生物种类。

（2）文库构建

首先需要将待测DNA片段进行文库构建，包括断裂DNA，添加适配器序列，进行末端修饰等步骤。

（3）片段桥接

将DNA片段连接到测序芯片表面，使用适配器序列通过桥式PCR形成桥接文库。

（4）芯片密集化

通过PCR扩增使每个DNA片段形成有数百万个相同拷贝的类似簇状结构。

（5）测序

采用同源合成技术（sequencing by synthesis, SBS），在芯片上进行碱基的逐步合成。每轮碱基加入后通过荧光检测识别，记录测序结果。这个过程会重复多次，每次添加一种碱基。

（6）数据分析

测序过程中通过荧光检测器检测新合成的碱基，记录信号数据。对检测到的信号数据进行图像分析和碱基识别，转换成碱基序列数据。测序产生的数据进行质控、序列拼接、去除低质量序列等处理，并通过与已知的16S rRNA基因数据库比对，进行物种鉴定和丰度分析。利用生物信息学工具对测序数据进行进一步处理与分析，如基因注释、变异检测、功能预测等。上述分析结果用于生物学研究、临床诊断、进化研究等领域。此外，还可以进行微生物群落结构的分析、物种多样性计算等。

5.2.3　第三代测序技术

第三代测序技术是指一类新兴的高通量测序技术，第三代测序技术具有单分子测序、高通量、长读长、多样性识别和能够检测结构变异等优点，在微生物组学研究中有着广阔的应用前景。第三代测序技术具有以下优点。

（1）单分子测序

第三代测序技术可以直接测序单个DNA分子或RNA分子，避免了传统测序方法中的PCR扩增步骤，减小了引入偏差的可能性。

（2）高通量

第三代测序技术能够同时测序大量的DNA或RNA分子，产生大量丰富的序列数据，加快了测序速度。

（3）长读长

相比第二代测序技术，第三代测序技术可以产生更长的测序读长，从数千到数百万个碱基对不等。这有助于解决传统测序方法中对长片段DNA或RNA测序的难题，提高了序列的完整性和准确性。

（4）多样性识别

第三代测序技术能够识别和区分微生物群落中的多样性成分，包括对菌株水平的区分和物种水平的区分，提供更精确的微生物组成分析。

（5）能够检测结构变异

第三代测序技术可以检测微生物群落中的结构变异，例如插入或缺失的基因、基因组重排等，提供更全面的微生物群落信息。

第三代测序技术能够提供更详细、更准确的微生物群落信息，有助于深入研究微生物的多样性、群落结构和功能。以下为第三代测序技术的几个关键步骤。

（1）样本准备

从需测序的样本中提取DNA或RNA，确保提取的核酸质量和纯度达到测序要求。样本的预处理工作对于后续测序结果至关重要。

（2）文库构建与实时测序

对提取的DNA或RNA进行文库构建。在第三代测序技术中，通常不需要进行PCR扩增，而是直接对DNA或RNA进行文库构建，保持了文库中序列信息的原始性。需要注意的是，在第三代测序技术中，DNA分子被直接测序，无需进行片段化。DNA单分子通过测序通道后，会被单个核酸顺序读取，实现实时测序。

（3）电化学测序

电化学测序中，DNA单分子通过纳米孔时，鉴别不同碱基的电信号会被记录下来。通过分析这些电信号，就能确定碱基序列。

（4）单分子实时测序

PacBio采用的是单分子实时（single molecule real-time，SMRT）测序技术。DNA单分子通过聚合酶反应，通过单个分子不断合成的过程实现读取碱基序列。通过单分子测序技术对文库中的DNA或RNA分子进行测序，将样品中的每个分子单独测序，而非对其进行扩增。这种方法避免了PCR 扩增可能带来的偏差。

（5）数据的生成与分析

通过测序仪器产生的原始信号，经过计算机处理和转化成电信号数据，再进一步转化为碱基序列数据。对测序所得数据进行生物信息学分析，包括序列质量控制、序列去嵌合处理、序列比对、组装、注释和功能分析等，从而得出最终的DNA序列。

（6）结果解读

分析测序数据，进行相关功能预测、基因表达分析、变异检测等生物信息学分析，并将结果应用于基因组学研究、疾病诊断、功能基因组学等领域。通过分析样品的基因组或转录组数据信息，识别其中存在的基因、基因功能、代谢途径、关键调控因子等信息，为后续的实验研究或应用提供理论支持。第三代测序技术以其高通量、准确性和全面性的特点，为科学研究、生物医学和生物工程领域的发展提供重要支持。

5.3 肠道菌群组成结构的研究方法

5.3.1 16S rRNA基因测序技术

16S rRNA基因测序技术常用于研究微生物群落结构，特别是用于分析肠道菌群结构。通过对肠道微生物样本提取DNA并对16S rRNA基因进行测序，可以分析微生物群落的成分和结构。通过16S rRNA基因测序可以了解微生物在不同生理或疾病状态下的变化。

16S rRNA基因测序技术优点如下。

（1）高度保守性

16S rRNA基因在细菌中高度保守，相对于其他基因具有较低的变异率，适合用作细菌分类和进化分析的分子指标。

（2）高灵敏性

通过16S rRNA基因测序技术可以检测到微生物群落中的微量成分，即使在低浓度下也能准确鉴定微生物种类。

（3）高通量测序技术支持

随着高通量测序技术的发展，16S rRNA基因测序技术成本逐渐降低，数据产量增加，有助于对多个样品进行快速高效的微生物多样性研究。

（4）可比性强

由于16S rRNA基因序列在细菌中具有共同性，不同研究之间的数据可以进行比较和整合，有助于建立全球微生物群落数据库。

16S rRNA基因测序的主要缺点如下。

（1）缺乏功能信息

16S rRNA基因序列通常不能提供详细的微生物功能信息，仅能够揭示微生物的系统发育关系和分类位置，对于功能潜力和代谢能力的了解有限。

（2）物种鉴定受限

16S rRNA基因作为分类依据有一定局限性，有时不能准确划分一些细菌种类和亚种。特别是对于一些高度相似的种群，区分较困难。

（3）潜在偏误

在16S rRNA基因测序过程中可能存在PCR偏好、引物选择等引起的偏差，可能影响到微生物群落的真实反映。

（4）数据解读复杂

分析16S rRNA基因测序数据需要较强的生物信息学和统计学知识，且分析结果会受到不同分析流程和参数设置的影响，对数据的解读需要谨慎处理。

综上，16S rRNA基因测序技术作为研究微生物群落结构的常用方法，在一定程度上可以揭示微生物多样性和组成，但也存在上述一些局限性，研究者需在选择方法和解读数据时全面考虑这些因素。

5.3.2 全基因组测序技术

通过对从肠道样本中提取的微生物DNA进行全基因组测序，可以获得更详细的微生物基因组组成和功能信息。这种方法可以识别微生物的物种、细菌菌株等细节信息，并进行功能注释和代谢通路分析，以深入了解肠道微生物的组成和功能。全基因组测序的主要优点如下。

（1）全面性

全基因组测序可以获取目标个体或物种的全部基因组信息，包括编码蛋白质的基因、非编码RNA、功能元件和非编码区域等，这有助于深入理解生物体的遗传信息和功能。

（2）高分辨率

全基因组测序可以提供高分辨率的遗传变异信息，包括单核苷酸变异（SNV）、插入/缺失（insertion/deletion）、结构变异（SV）等。这对于研究个体间的遗传差异、疾病相关变异以及进化过程具有重要意义。

（3）生物多样性研究

全基因组测序可用于研究和比较不同物种或个体的基因组组成和表达差异，揭示物种间的亲缘关系和进化历史，帮助解析生命多样性和适应性。

全基因组测序的主要缺点如下。

（1）高成本

相较于其他测序技术，全基因组测序的成本较高。它需要更多的测序深度和覆盖度，因而数据生成和分析的成本变得昂贵。

（2）数据分析复杂

全基因组测序产生的数据量大，对数据分析和存储提出了挑战。处理和解释庞大的基因组数据需要专业的生物信息学技能和较长的处理时间。

（3）隐私问题

由于全基因组测序提供了个体的完整基因组信息，涉及个体隐私和伦理问题，必须采取必要的隐私保护措施来保护个体的隐私权。

全基因组测序具有全面性和高分辨率的优势，但成本和数据处理等方面的挑战限制了其应用的普及。

全基因组测序一般包括以下几个关键步骤。

（1）DNA提取

从生物样本中提取高质量的DNA，这通常需要遵循特定的提取方法和实验流程。

（2）文库构建

将DNA样本通过一系列的处理步骤转化为文库。这包括DNA片段的断裂、末端修复、连接适配体、PCR扩增等。

（3）高通量测序

使用高通量测序平台（例如Illumina HiSeq、NovaSeq）对文库进行测序。这些平台使用化学方法和高精度的图像捕获技术，产生大量的短读长（通常为几十至几百个碱基）。

（4）数据分析

对测序产生的数据进行质量控制、序列拼接、SNP检测、基因预测等数据分析步骤，这需要使用生物信息学工具和算法来处理和解释产生的大量测序数据。

全基因组测序技术在过去几年已经取得了长足的发展，并且在科学研究、医学诊断和精准医疗等领域有着广泛的应用。未来，全基因组测序技术有望在以下方面展现更大的应用前景。

（1）精准医学研究

全基因组测序可以提供个体化医学的基础。通过分析个体基因组信息，可以预测个体患病风险、优化药物治疗方案，并为精准医学的实施提供支持。

（2）遗传学研究

全基因组测序可以帮助研究人员深入了解遗传学变异的原因和机制。它可以揭示基因与疾病之间的关联、复杂遗传疾病的遗传因素，并促进遗传学研究的进展。

（3）生物多样性研究

全基因组测序可以帮助研究人员深入了解不同物种的基因组组成和进化历史，揭示生物多样性的形成机制和物种间的亲缘关系。

（4）新药研发

通过全基因组测序分析患者群体的遗传变异，可以发现与药物反应和药物代谢有关的基因变异。这有助于加快新药的开发和研究，并促进个体化药物治疗的实施。

（5）遗传咨询

基于全基因组测序数据，遗传顾问可以为个人和家庭提供遗传咨询和风险评估服务，以协助做出更明智的健康管理和生育决策。

5.3.3 宏基因组测序技术

宏基因组测序技术是一种用于研究微生物群落中所有基因组的测序方法。与传统的基因组测序技术不同，宏基因组测序技术可以同时检测和分析多个微生物个体的基因组，而无需进行培养和分离。宏基因组测序技术的主要优点如下。

（1）全面性

能够同时分析微生物群落中多个物种的基因组组成和功能，提供全面的微生物信息。

（2）高通量

能够快速产生大量序列数据，覆盖微生物群落中的广泛物种和基因。

（3）无偏性

在进行宏基因组测序和分析时，尽可能避免对样本的偏好性处理或引入偏误，以确保获得尽可能客观和全面的数据结果。例如，在宏基因组数据分析过程中，采用无偏的生物信息学方法和工具，确保对数据的处理和解释不带有主观性偏向，充分保留原始信息。而在研究成果的呈现和解释中，避免主观解读和解释，尽量客观展示宏基因组测序数据的结果和相关信息。

（4）发现新物种和功能

可以发现新的微生物物种和潜在的生物功能，有助于扩展对微生物界的认识。

宏基因组测序技术的主要缺点如下。

（1）数据处理复杂

产生的数据量庞大，需要进行复杂的数据处理和分析，需要通过生物信息学分析并需要一定的计算能力。

（2）物种和功能的定量问题

由于使用短序列，物种和功能的定量可能存在一定的偏差。

（3）依赖参考数据库

结果需要与已知的数据库进行比对和解释，对于未知物种和功能的分析可能受到限制。

（4）数据质量和污染

测序过程中可能存在测序错误和污染问题，对结果的可靠性可能产生一定的影响。

宏基因组测序技术的主要步骤如下。

（1）DNA提取

首先需要从样品中提取微生物群落的总DNA，这一步通常需要选择合适的提取方法，以确保从样品中获得高质量的DNA。

（2）文库构建

将提取的DNA进行断裂、修复末端、加入适配器等步骤，构建适合测序平台的文库。宏基因组测序通常采用双端测序模式以获得更丰富的信息。

（3）测序平台选择

根据实验需求和预算，选择合适的高通量测序平台进行宏基因组测序。目前常用的平台包括Illumina MiSeq、HiSeq、NovaSeq等。

（4）高通量测序

文库构建完成后，将文库加载到测序仪中进行高通量测序，测序完成后会得到大量的原始测序数据。

（5）数据处理和质控

对原始测序数据进行质控和过滤，包括去除低质量序列、过滤掉接头序列等，以确保后续的分析获得高质量的数据。

（6）序列拼接和基因组组装

对质控后的测序数据进行序列拼接和基因组组装，将短序列拼接成长序列，重建微生物群落的基因组信息。

（7）序列注释和功能预测

对拼接后的序列进行基因注释、功能分析和代谢途径预测，以了解微生物群落的功能特征和代谢潜力。

（8）比较分析和生态研究

将不同样品的宏基因组数据进行比较分析，揭示微生物群落结构的差异、功能的变化及相互作用关系，从而深入了解微生物在不同环境中的生态特征。

目前，宏基因组测序技术的主要应用领域如下。

（1）肠道菌群研究

宏基因组测序可用于研究肠道微生物群落的组成、功能和变化，揭示菌群与人体健康之间的关系。

（2）环境微生物组成分析

通过对环境中微生物群落的宏基因组测序分析，可以了解自然界中的微生物多样性、生态功能等。

（3）病原微生物检测

宏基因组测序可以帮助快速鉴定和检测病原微生物，包括细菌、病毒和真菌，为疾病诊断和防控提供关键信息。

肠道菌群研究是宏基因组测序技术的一个重要应用领域，并且具有广阔的发展前景。宏基因组测序技术在肠道菌群研究中的应用展望如下。

（1）揭示菌群与健康的关联

通过大规模的人群研究和肠道菌群的宏基因组测序，可以发现特定的菌群组成与某些疾病的关联，为疾病的预防、诊断和治疗提供理论指导。

（2）个体化肠道菌群调整

利用宏基因组测序技术可以了解个体之间的肠道菌群差异，以及菌群与宿主遗传背景、饮食习惯、生活方式等之间的关联，为个体化的肠道菌群调整提供了依据。

（3）研究菌群功能与代谢物产生

宏基因组技术不仅可以揭示菌群的组成，还可以提供有关菌群功能和代谢物产生的信息。通过菌群的宏基因组测序和功能注释，可以了解肠道菌群在营养代谢、药物代谢等方面的功能，并进一步探索菌群与宿主代谢相关疾病的关联。

（4）研究肠道菌群的稳定性和动态变化

研究人员可以通过追踪同一人群的菌群组成和功能变化，揭示菌群与健康状态、饮食等因素的关联以及菌群的时空变化规律。

随着宏基因组测序技术的不断发展和数据分析方法的改进，肠道菌群研究将进一步揭示菌群与健康的关联，推动个体化的菌群调整策略，并为预防与治疗肠道相关疾病提供更加精确的依据。

5.3.4　宏转录组测序技术

宏转录组测序技术用于研究微生物群落转录组表达，通过对微生物样本中的RNA进行高通量测序，可以揭示微生物在特定环境下的基因表达、功能和代谢通路活性。在肠道菌群结构解析方面，宏转录组测序提供了比16S rRNA基因测序更为全面和深入的信息，可以更好地了解微生物在肠道内的功能活性和相互作用。利用宏转录组测序研究肠道菌群结构的一般步骤如下。

（1）实验设计和样本收集

确定研究对象和采样时间点，收集肠道样本中的RNA进行下一步实验。

（2）RNA提取和样本准备

从RNA样本中提取总RNA，并进行适当的准备工作，如构建文库并引入适配体序列。

（3）高通量转录组测序

使用高通量转录组测序平台（如RNA-Seq）对RNA样本进行测序，生成转录组的序列信息。

（4）数据处理和分析

使用工具（如FastQC）对测序数据进行质量控制，然后将转录组测序数据比对到参考基因组或转录组数据库，计算基因的表达量，比较不同样本之间的表达差异。根据不同基因的功能进行注释，如KEGG、GO等功能富集分析。

（5）数据解读和结果分析

根据分析结果揭示微生物在肠道中的功能特征、代谢途径、互作关系等信息，探讨菌群结构在健康和疾病条件下的变化。通过宏转录组测序，研究者可以更全面地了解肠道微生物群落的功能特征和活动状态，为揭示微生物与宿主相互作用及疾病发生机制提供更深入的理解。在实践过程中，合理选择分析工具、建立适当的数据处理流程和进行系统综合分析，将有助于获取准确和有意义的研究结果。

利用宏转录组测序解析肠道菌群结构的优点如下。

（1）功能信息更全面

相比16S rRNA基因测序，宏转录组测序可以提供更丰富的功能信息，通过检测RNA水平的基因表达，可以更好地了解微生物在肠道中的活性和功能。

（2）识别新基因和通路

宏转录组测序可以帮助发现新的基因、新的代谢途径以及微生物在肠道中的潜在生物学功能，有助于揭示微生物间的相互作用和与宿主的关系。

（3）揭示生态系统变化

通过监测转录组的表达变化，可以探究不同环境条件下微生物的适应策略以及群落结构的动态变化，对于研究肠道微生物在健康和疾病状态下的生态学角色尤为重要。

（4）数据分析灵活性

宏转录组测序数据处理和分析相对复杂，但也提供了更多的分析工具和流程，可以深入挖掘微生物群落的生物学特征和功能。

利用宏转录组测序解析肠道菌群结构缺点如下。

（1）数据量较大

宏转录组测序生成的数据量通常比较庞大，需要消耗较多的计算资源和存储空间，数据处理和分析过程相对繁琐。

（2）代谢稳定性

RNA在样品处理和保存过程中容易受到降解，可能影响转录组数据的准确性和稳定性，对样本的处理和存储要求较高。

（3）生物信息学分析要求高

宏转录组测序数据的生物信息学分析复杂度高，对研究者的计算机技能和分析经验要求较高，需要掌握多种数据处理工具和编程语言。

（4）数据解读的挑战

转录组数据的解读和功能注释需要结合多个数据库和工具，结果解释可能存在一定的主观性和复杂性。

综上所述，宏转录组测序作为研究肠道菌群结构的方法，能够提供更为全面和深入的信息，有助于揭示微生物的功能和生态特征。然而，在实践中需要克服数据量大、分析复杂和数据解读的挑战，合理设计实验方案和选择适当的分析工具，将有助于获得准确和有意义的研究结果。

5.4 肠道菌群功能的研究方法

研究肠道菌群功能的方法包括宏基因组测序、代谢组学分析、基因组学分析、转录组学分析和宿主-菌群互作研究等。这些方法可以提供对菌群功能的多方面了解，有助于深入解析肠道菌群对宿主健康的影响机制。

5.4.1 宏基因组测序技术

研究肠道菌群功能的方法之一是利用宏基因组测序技术。通过对肠道菌群的宏基因组进行测序，可以得到大量的DNA序列数据。这些数据可以通过生物信息学分析，如功能注释和代谢途径预测，来推断和研究肠道菌群的功能。宏基因组测序技术可以提供整个菌群的基因组的组成信息，从而推断其功能。宏基因组测序技术提供了对肠道菌群功能的全面了解，能够揭示菌群参与的代谢途径、功能差异和与宿主健康的相互关系。宏基因组测序通常使用高通量测序技术，通过对肠道菌群的DNA进行测序，获取大量的序列数据。基于宏基因组测序数据，可以进行以下功能性研究。

（1）基因注释和功能预测

通过对测序数据进行基因注释和功能预测，可识别出编码蛋白质的基因，并预测这些基因可能的功能。

（2）通路和代谢途径分析

通过结合已知的代谢途径和酶的数据库，可以对菌群进行代谢功能分析，了解其参与的代谢途径，预测其在营养代谢、药物代谢等方面的功能。

（3）功能比较和分类

通过对不同样本或不同条件下的菌群功能进行比较和分类，可以揭示不同菌群在功能上的差异以及与宿主健康的关联。

（4）宿主-菌群关联分析

通过将宿主信息与宏基因组数据结合，可以进一步探究微生物菌群功能与宿主健康状态以及免疫响应等之间的关联。然而，需要注意的是，对于未知物种和功能的菌群，功能预测存在一定的限制，需要结合其他方法和数据进一步验证。

5.4.2 代谢组学测序技术

代谢组学测序技术主要通过分析肠道菌群代谢产物（如短链脂肪酸、芳香族化合物等），了解菌群的代谢活性和功能。代谢组学技术可以使用质谱技术或核磁共振技术，以定性和定量的方式分析代谢产物的组成和浓度，从而研究肠道菌群的功能。代谢组学测序技术可以帮助揭示肠道菌群的功能，研究宿主体内的代谢产物和菌群的代谢能力之间的关联。

代谢组学测序技术具有全面、直接关联、提供宿主-菌群互作信息以及可作为预测和监测工具的优点，这为深入了解菌群功能、宿主与菌群相互关系以及个体化的菌群调整策略提供了有力的工具和信息支持。

① 代谢组学测序技术可以同时检测和量化多种代谢产物，包括脂类、糖类、氨基酸等，提供了全面的代谢信息。这可以帮助研究人员了解菌群参与的代谢途径和产生的代谢物，揭示菌群的功能特点。

② 通过代谢组学测序技术可以直接关联代谢产物与菌群功能。通过分析代谢物与菌群的关联性，有助于鉴定菌群产生的代谢物以及菌群对宿主代谢的贡献。

③ 代谢组学测序技术可以结合宿主信息和菌群数据，揭示宿主-菌群之间的相互作用。通过分析代谢物与宿主健康状态、代谢类疾病等之间的关联，可以了解菌群对宿主代谢的影响和宿主对菌群的调控机制。

④ 代谢组学测序技术可以作为预测和监测肠道菌群功能的工具。通过导入代谢组学模型和指标，可以预测肠道菌群的功能状态和变化趋势，辅助调整饮食、使用益生菌/益生元等策略来改善菌群功能和宿主健康状态。

⑤ 通过代谢组学测序技术，可以揭示菌群参与的代谢途径和代谢物的产生，了解菌群对宿主代谢的影响，以及菌群与宿主健康状态之间的关联。这有助于深入理解肠道菌群的功能，并为预防与治疗与肠道相关的疾病提供新的策略。

代谢组学测序技术研究肠道菌群功能的一般步骤如下。

（1）样本收集和预处理

收集宿主样本（例如粪便、尿液、血液）以及相应的菌群样本，并进行必要的预处理操作，比如样品去除杂质和存储。

（2）代谢物的提取

将代谢物从样本中提取出来，通常使用化学提取方法或生物学提取方法。

（3）代谢物分析

对提取的代谢物进行定性和定量分析。常用的代谢组学技术包括质谱法（如质谱-质谱联用技术）和核磁共振技术。这些方法可以鉴定和量化多种代谢产物，例如脂类、糖类、氨基酸等。

（4）数据处理和分析

对代谢组数据进行预处理、归一化和统计分析，以识别差异化的代谢产物。可以应用多变量分析方法和模式识别技术来发现代谢物之间的模式和群集。

（5）代谢物-菌群关联分析

将代谢组数据与肠道菌群数据相结合，通过相关分析和组合分析等方法，寻找代谢物与菌群的相关性。这可以帮助鉴定菌群产生的代谢物，以及菌群对宿主代谢的影响。

代谢组学测序技术在大规模研究、功能注释改进、功能调控研究、个体化调整和临床等方面具有良好的应用前景，这将进一步拓展我们对肠道菌群功能的深入理解，并有望为肠道相关疾病的预防和治疗提供更精准的策略和方法。

① 大规模研究：随着高通量测序技术和大规模样本库的建立，将能够开展更大规模的代谢组学研究，涵盖更广泛的菌群和代谢物样本，进一步揭示肠道菌群功能与宿主健康的关系。

② 目前代谢物的功能注释仍存在一定的不确定性，未来需要进一步改进和发展功能注释的方法，包括结合其他多组学数据（如转录组学、蛋白质组学）、建立更完善的数据库和算法等，提高代谢物功能预测的准确性和可靠性。

③ 除了了解菌群功能的元谱水平，未来的研究还可以聚焦于揭示菌群功能的调控机制，包括宿主与菌群之间的相互作用、微生物的基因调控网络等，以更全面地理解菌群功能的调控及其在宿主健康中的作用。

④ 基于代谢组学研究结果，未来可以开展个体化菌群功能调整策略。结合宿主个体的代谢组数据，针对性地采取调整饮食、使用益生菌/益生元等策略，以实现个体化的菌群调整，进一步改善宿主健康。

⑤ 通过代谢组学测序技术，可以开展肠道菌群功能相关疾病的早期诊断、治疗等方面的研究，为精准医学的发展提供有力支持。

5.4.3 基因组学测序技术

基因组学测序技术通过对关键功能基因的研究，可以了解肠道菌群的特定功能。基因组学分析包括检测特定基因或基因簇的存在和表达水平以及通过基因家族注释和功能注释来预测微生物菌群的功能。基因组学测序技术可以通过比对菌群基因组序列与已知的功能数据库，直接获得微生物菌群的功能信息，来推测微生物菌群功能潜能，揭示微生物菌群参与的代谢途径等，从而全面了解微生物菌群多样性与功能特征及其与宿主健康之间的相互关系。通过解析微生物菌群的基因组序列，可以揭示微生物菌群功能与宿主健康、代谢状态等之间的相互关系。基因组学研究可以为个体化菌群功能调整策略的发展提供支持。结合宿主个体的基因组和微生物菌群基因组数据，通过调整饮食、使用微生物制剂等策略，以实现个体化的菌群调整，进一步改善宿主健康状况。随着基因组学技术的不断发展与应用，未来利用基因组学研究微生物菌群将主要从微生物菌群功能与调控机制解析、微生物菌群功能与宿主健康的关联以及发展个体化微生物菌群功能调整策略等不同方向展开。上述研究内容将进一步加速我们对微生物菌群功能的理解，为微生物菌群在宿主健康中的应用提供更加准确和个性化的方法和策略。

基因组学测序技术可以通过以下步骤来进行。

（1）样本采集、DNA 提取与基因组测序

首先需要采集肠道菌群样本，确保样本采集过程符合标准化的操作方法，以保证后续实验的可靠性和可重复性。对采集到的微生物样本进行DNA提取，然后进行基因组测序。这可以使用高通量测序技术来获得菌群的完整基因组数据。

（2）生物信息学分析

对测序得到的基因组数据进行生物信息学分析，包括序列质量控制、拼接、注释和功能预测等步骤。这可以帮助确定肠道菌群的基因组组成、功能潜力、代谢途径等信息。

（3）菌群结构分析与功能预测和注释

利用基因组学数据可以对肠道菌群的结构和组成进行分析，包括物种多样性、相对丰度、群落结构等，这有助于了解不同菌群在肠道中的分布情况。利用已知的菌群代谢途径和功能数据库，可以对菌群进行功能预测和注释，这可以通过比对菌群序列与数据库中的代谢基因、酶等来进行。

（4）宿主-微生物菌群关联分析

通过功能注释和代谢途径分析可以揭示菌群在肠道中的代谢功能以及与宿主的相互作用。通过分析宿主-微生物菌群关联性，可以了解微生物菌群功能对宿主的影响和调控机制。首先，基因组学研究通过对菌群的基因组序列进行全面分析和注释，可以揭示微生物菌群的代谢途径、合成能力、降解能力等多方面的详细信息。其次，基因组学研究通过分析菌群基因组中的调控元件、调节基因、代谢途径和调控关系等，可以了解菌群功能调控的机制，并探索菌群与宿主之间的相互作用。再次，基因组学研究可以帮助深入理解菌群功能与宿主健康之间的关联。通过结合宿主信息和菌群功能数据，可以发现微生物菌群功能与宿主代谢状态、免疫响应等之间的关联性，从而为研究和应用微生物菌群在维持宿主健康等方面的功能提供强有力的科学依据。

（5）数据解读与结果验证

最后，根据生物信息学分析的结果对肠道菌群的功能进行解读。

5.4.4 转录组学测序技术

转录组学测序技术在研究肠道菌群功能方面具有直接、动态、全面等优点，可以为揭示肠道菌群功能的机制、相互作用及其与宿主健康之间的关系提供有力的工具和线索。通过对肠道菌群的转录组进行测序和分析，可以了解肠道菌群的基因表达情况和功能调控模式，帮助研究人员了解肠道菌群对不同环境和刺激的响应以及功能变化。转录组学测序技术在研究肠道菌群功能方面具有许多优点，包括以下几个方面。

（1）提供直接观察肠道菌群功能的工具

转录组学测序技术可以直接观察和测量肠道菌群基因在菌群中的转录水平，从而提供关于肠道菌群功能的直接信息。这有助于了解肠道菌群参与的代谢途径、信号传导、调控机制等方面的功能。通过分析宿主细胞中的基因表达情况，揭示肠道菌群与宿主的相互作用。

（2）动态观察功能调控的变化

转录组学测序技术可以在不同时间点或条件下比较肠道菌群基因的表达情况，从而揭示功能调控的变化。这些变化反映了肠道菌群对宿主细胞生理状态、代谢途径、免疫应答等的影响。这有助于理解肠道菌群对不同环境因子的适应能力和功能调节机制。

（3）揭示肠道菌群与宿主的相互作用

转录组学测序技术不仅可以观察肠道菌群基因的表达情况，还可以检测宿主基因的表达变化，从而揭示肠道菌群对宿主基因表达的影响。通过比较存在肠道菌群和缺乏肠道菌群的条件下的转录组数据，可以了解肠道菌群与宿主之间的相互作用及其对宿主基因调控的影响。

（4）启发进一步研究

转录组学测序技术可以为进一步研究提供重要线索。通过对转录组数据的分析，可以发现新的功能基因、调控途径等，从而启发进一步的实验。首先，转录组学测序技术可以揭示肠道菌群代谢产物对宿主基因表达的调控。通过比较宿主细胞在存在或缺乏肠道菌群代谢产物的条件下的转录组数据，可以了解菌群代谢产物与宿主基因表达的关系。其次，转录组学测序技术可以用于预测肠道菌群的功能。通过比对转录组数据与已知功能基因集或功能数据库，可以推测菌群可能涉及的代谢途径、调控机制等。这有助于了解肠道菌群功能的多样性和潜在作用。再次，转录组学测序技术可以提供关于肠道菌群与宿主相互作用的信息，揭示肠道菌群对宿主基因表达的调节机制，帮助预测菌群功能，并且为了解肠道菌群功能与宿主健康之间的关系提供有力的工具和支持。

转录组学测序技术肠道菌群功能一般包括以下步骤。

（1）样本采集和预处理

收集肠道菌群样本，并进行预处理，如样本保存、DNA/RNA提取等。这个过程需要注意样本采集的标准化和规范化，以及样本保存对菌群DNA/RNA的保护。

（2）转录组学测序

将菌群RNA转录组进行测序，可以使用高通量测序技术进行。转录组测序的选择需要考虑测序深度和覆盖度，以保证获得准确和全面的转录组数据。

（3）数据质控和清洗

对转录组测序数据进行质量控制和清洗，包括去除低质量序列，去除接头序列和杂交序列等。这个步骤可以使用一些专门的转录组数据处理软件进行。

（4）序列比对和注释

将清洗后的转录组数据与参考基因组序列进行比对，以确定转录组的来源和注释。可以使用一些比对软件和数据库，如Bowtie、TopHat、HISAT等，配合基因注释数据库进行转录组注释，如RefSeq、ENSEMBL、UniProt等。

（5）表达量计算和差异分析

根据转录组数据，计算菌群转录组的表达量，可以使用一些转录组数据分析软件，如Cufflinks、DESeq2、edgeR等。同时，可以进行差异分析，找出在不同条件下表达显著变化的转录组。

（6）功能注释和途径分析

将差异表达的转录组进行功能注释，并进行代谢途径、调控网络等分析。这可以使用一些功能注释工具和数据库，如BLAST、KEGG、GO等。

（7）结果解释和验证

根据功能注释和途径分析的结果，解释菌群功能及其与宿主之间的关系，并进行验证实验，如荧光定量PCR、功能验证等。

转录组学研究在肠道菌群功能的解析和调控中有着广泛的应用前景。通过这一技术的不断发展和应用，可以更好地理解菌群功能与宿主健康之间的关系，并为相关疾病的治疗和预防提供新的方向和方法。

（1）基于转录组学研究的个体化菌群调整策略

整合宿主基因组信息和转录组数据，通过定制化地调整饮食、使用微生物制剂等策略，以实现个体化的菌群调整。将转录组数据与个体的遗传背景结合起来，可以设计个体化的菌群调整策略，以进一步改善宿主健康状况。

（2）转录组学研究在肠道菌群与疾病关联中的应用

通过转录组学分析菌群与宿主细胞的相互作用，可以深入探究肠道菌群与疾病之间的关联。例如，通过比较疾病患者和健康人的转录组数据，可以发现在不同疾病状态下菌群的功能差异和其对宿主基因表达的影响，从而提供新的治疗靶点。

（3）转录组学研究在功能调控机制解析中的应用

通过转录组数据的分析，可以揭示菌群功能调控机制，例如调控基因的转录水平、信号途径的激活等，这有助于了解菌群与宿主相互作用中的分子机制，并为相关疾病的治疗提供新的理论支持。

（4）转录组学研究在肠道菌群功能操控中的应用

通过对转录组数据的分析，可以发现新的代谢途径、调控基因等，为操控菌群功能提供新的靶点和策略，这将为开发新的微生物制剂、菌群调整剂等提供重要的理论和实践基础。

5.5 肠道菌群与宿主相互作用的研究方法

宿主-菌群互作的研究是指探究宿主（人体）与肠道微生物群（菌群）之间的相互作用及其对肠道菌群功能的调节的研究领域。这方面的研究旨在了解肠道微生物与宿主之间的复杂互动关系，并探索菌群功能在维持宿主健康、调节免疫响应、代谢调控及疾病发展中的作用机制。通过研究宿主和肠道菌群之间的相互作用，可以了解肠道菌群对宿主的影响和宿主对肠道菌群的微观调控机制。这包括研究菌群的代谢产物对宿主健康的影响、宿主的免疫响应、肠道菌群的相互作用以及肠道菌群的组成和功能对宿主行为和心理状态的影响。

宿主-菌群互作的研究主要集中在以下几个方面。

（1）膳食与肠道菌群互作

研究宿主饮食对肠道菌群组成和功能的影响，以及肠道菌群对宿主饮食的代谢和消化的微观调节作用。例如，了解不同膳食模式，如高纤维、高脂肪或高糖饮食，如何影响肠道菌群组成和功能。

（2）肠道免疫与菌群互作

肠道菌群可以通过调节宿主肠道免疫系统影响宿主对菌群的容忍性和对外界病原体的抵抗力。这方面的研究对于了解菌群与免疫性相关疾病的发病机制和治疗策略具有重要意义。

（3）肠道菌群与代谢调控

研究肠道菌群对宿主代谢的调节作用，特别是对能量稳态、葡萄糖代谢、脂质代谢和胆固醇代谢等方面的影响。菌群可以通过代谢物的产生和信号分子的释放影响宿主代谢的调控网络，从而与肥胖、糖尿病等疾病的发生、发展密切相关。

（4）肠道菌群与疾病

研究菌群与各种疾病之间的关系。这方面的研究可以揭示菌群功能异常与疾病的关联性，为疾病的诊断、治疗和预防提供新的思路和策略。

目前，肠道微生物与宿主间相互作用研究方法如下。

（1）16S rRNA基因测序

通过测序肠道微生物中的16S rRNA基因，可以对肠道微生物的种群结构和多样性进行鉴定和分析。这种方法可以帮助我们了解不同宿主中肠道微生物的组成和变化，以及不同疾病状态下微生物群落的变化。

（2）宏基因组测序

宏基因组测序可以揭示微生物群落中的基因组信息，包括编码不同代谢途径和功能的基因。通过分析微生物群落的宏基因组数据，可以了解微生物在肠道中的功能和代谢活动，以及宿主与微生物之间的相互作用。

（3）功能组学分析

功能组学分析通过测定微生物群落中的特定代谢产物或活性物质，例如短链脂肪酸、维生素等，来评估微生物对宿主的贡献。这种方法可以帮助我们理解微生物与宿主之间的相互作用机制，以及微生物群落在维持宿主健康中的功能。

（4）功能研究

使用体外和体内实验模型，通过对微生物菌株或菌群的功能研究，可以揭示微生物对宿主免疫系统、代谢过程等方面的调节作用。这些实验可以帮助我们深入了解微生物与宿主之间的互利共生机制。

（5）肠道菌群转移实验

通过将肠道微生物群落从一个宿主转移到另一个宿主，可以研究微生物群落对宿主表型的影响。这种实验可以帮助我们确定特定微生物对宿主健康的贡献，并评估肠道微生物与宿主之间的相互作用。

（6）肠道微生物治疗

通过选择性添加或减少特定微生物菌株来调节肠道微生物群落，可以评估微生物对宿主的影响并研究其潜在的临床应用价值，这种方法被称为肠道微生物治疗。可以用于治疗某些肠道疾病，并帮助恢复肠道微生物与宿主之间的平衡。这些研究策略综合运用可以帮助我们深入了解肠道微生物与宿主之间的相互作用，并为找到相关疾病的潜在治疗方法提供理论依据。同时，这些方法还可以为开发个性化医疗和调控肠道微生物群落的方法提供重要的参考。

肠道菌群与宿主相互作用的研究方法具有组学策略、高分辨率、全面性、高度定量化和可操作性的优点。这些优点有助于更全面地了解菌群与宿主相互作用的机制，为相关疾病的治疗和预防提供新的理论和实践基础。

（1）组学策略

通过使用高通量测序技术，如16S rRNA基因测序和转录组学测序，可以全面、快速地获得菌群组成和转录组数据。这种组学策略能够提供大量的信息，帮助我们更好地了解菌群与宿主相互作用的机制。

（2）高分辨率

研究方法以高分辨率分析菌群与宿主之间的相互作用，能够揭示微生物的潜在功能及其对宿主的影响。这有助于展示微生物的复杂性和多样性，并为疾病的发生和发展提供更全面和深入的理解。

（3）全面性

研究方法能够从整体上分析菌群与宿主之间的相互作用，涵盖不同层次的信息，如组成、功能和途径。这使得我们能够综合考虑不同方面的变化，了解更全面的菌群功能。

（4）高度定量化

研究方法可以提供高度定量化的结果，使得我们能够准确地测量菌群的丰度和转录活性。这有助于识别差异和相关性，以及确定与宿主健康相关的特定菌群功能。

（5）可操作性

研究方法可以为研究者提供对菌群功能进行实验验证的可能性。通过识别菌群的特定功能和作用机制，我们可以设计和开发具有治疗潜力的干预策略，如通过微生物制剂、膳食调整等手段来调节菌群的功能。

肠道微生物与宿主间的相互作用研究仍然存在一些挑战。

① 不同个体之间的肠道微生物存在巨大的差异性，且相同个体在不同时间点，或在不同环境下也有可能表现出不同的微生物组成。这种个体差异性给研究带来了困难，同时也需要更多的个体化研究。

② 尽管已经能够通过16S rRNA基因测序等技术研究微生物的结构，但对于微生物在肠道内的具体功能和代谢活动仍然了解不足。如何全面地揭示微生物与宿主的相互作用还需要更复杂的方法和技术。

③ 尽管已经有一些相关研究表明肠道微生物与宿主健康之间存在关联，但是要证实微生物与宿主疾病之间的因果关系仍然是一个挑战，需要更多的长期、大样本的研究来揭示微生物与宿主健康的确切作用。

④ 如何有效地调控肠道微生物以维护宿主健康也是一个重要的问题。尽管微生物转移等研究取得了一些进展，但是仍需要更深入的研究来探索更有效的微生物干预策略。

⑤ 大规模微生物数据的处理和分析是一个挑战性任务，需要发展更好的生物信息学方法和工具来处理这些复杂的数据，以揭示微生物与宿主相互作用的机制。

肠道菌群与宿主相互作用的研究前景非常广阔，具体包括以下几个方面。

（1）建立肠道菌群与宿主健康的关联

通过深入研究肠道菌群与宿主相互作用的机制，我们可以建立肠道菌群与宿主健康之间的关联，并发现菌群功能异常与不同疾病的关联性。这有助于发现新的生物标志物，用于疾病的早期诊断和预测。

（2）开发新型肠道微生物制剂

了解肠道菌群与宿主相互作用的机制，我们可以针对特定功能的菌群开发新型微生物制剂，用于调节宿主免疫系统的功能，维持肠道菌群的平衡，从而预防和治疗疾病，这为肠道微生物制剂的开发提供了新的方向和策略。

（3）个体化疾病预防和治疗策略

通过深入了解肠道菌群与宿主相互作用的个体差异性，我们可以发展个体化的疾病预防和治疗策略。根据个体的菌群组成和功能特点，可以制订相应的膳食指导，开发个性化的微生物制剂或微生物治疗方法，从而增强治疗效果。

（4）揭示菌群功能在疾病发生和发展过程中的作用

通过研究菌群功能在不同疾病中的变化，我们可以深入了解其在疾病发生和发展过程中的作用机制。这有助于揭示新的病理机制，为疾病治疗和预防提供新的目标和策略。

5.6 肠道菌群与疾病关系的研究方法

研究肠道菌群与疾病关系的方法通常包括以下几个步骤。

（1）样本采集和处理

选择研究对象的肠道样本，并采集相应的样本，如粪便或者肠道黏膜，对样本进行处理以便进一步分析。

（2）肠道菌群组成分析

通过肠道菌群组成分析，可以揭示不同疾病状态下肠道菌群的组成差异，如菌群的种类、丰度等。

（3）转录组学分析

通过转录组学测序技术可以研究肠道菌群的基因表达模式，这有助于探索菌群所参与的代谢途径、信号通路以及与疾病相关的功能。

（4）数据分析和统计

对菌群组成和功能数据进行统计分析，如差异分析、相关性分析等。

（5）功能注释和通路分析

通过将转录组进行功能注释，并使用相关数据库进行通路分析，可以了解菌群功能在不同疾病中的变化和调控。

（6）结果验证和实验

根据研究结果，选择相关的功能或代谢途径进行实验验证，包括荧光定量PCR、细胞实验、动物实验等，以证实菌群与疾病之间的关联。

通过以上方法的综合应用，可以揭示肠道菌群与疾病之间的关系，探索新的治疗策略。值得注意的是，由于菌群与宿主之间的相互作用和复杂性，研究菌群与疾病的关系需要综合考虑菌群组成、功能、代谢等多个层面的信息，以获得更全面和准确的结论。

研究肠道菌群与疾病关系的方法具有全面性、高度定量化和可操作性等优点。这些优点有助于深入了解菌群在疾病中的作用机制，为疾病的预防、诊断和治疗提供新的思路和方法。

（1）高通量测序技术

使用高通量测序技术，可以快速、高效地获取大量的菌群信息。这种技术能够同时检测上千种微生物的存在和相对丰度，为研究菌群与疾病之间的关系提供了全面的数据基础。

（2）全面性和综合性

这些研究方法能够探测菌群的组成、功能、代谢以及与宿主之间的相互作用。这种综合性的研究方法可以全面了解菌群与疾病之间的关系，揭示其在疾病发生和发展中的潜在作用机制。

（3）大样本量

高通量测序技术和组学研究方法使得研究人员能够同时分析大样本量的数据。通过比较病例组和对照组的菌群组成和功能差异，可以发现与特定疾病相关的菌群特征和生物标志物，为疾病的预防、诊断和治疗提供重要依据。

（4）高度定量化

有助于分析菌群在疾病发生和发展过程中的动态变化，揭示其与疾病的相关性。

（5）可操作性

这些方法不仅能够描述菌群与疾病之间的关系，还提供了验证和干预的可能性。通过识别特定的菌群或功能，可以开发相应的治疗策略，如调节菌群组成、设计微生物制剂或膳食干预等，从而实现疾病的预防和治疗。

5.7 肠道菌群调控的研究方法

肠道菌群调控的研究主要步骤包括以下几个方面。

（1）样本采集和菌群分析

首先，从研究对象（如人体）的肠道中采集样本，并提取其中的DNA或RNA。然后，通过高通量测序技术对肠道菌群进行分析，获取菌群的组成和丰度信息。

（2）菌群组成与疾病关联分析

通过比较病例组和对照组的菌群组成差异，利用统计学方法分析，判断不同菌群的相对丰度是否与特定疾病相关。

（3）菌群功能分析

在菌群组成分析的基础上，进一步探究菌群的功能特征。这可以通过转录组学分析和代谢组学分析等方法，揭示菌群在疾病发生和发展中的具体作用机制和功能调控。

（4）干预和验证实验

通过设计干预实验，如调整膳食结构、给予特定菌群制剂、进行动物模型实验等，验证菌群的功能和调控能力。这可以帮助研究者进一步了解菌群的作用机制，并评估干预策略的有效性。

（5）结果解读和应用

根据研究结果，解读菌群的相关性和功能特征，并将其应用于疾病的预防、诊断和治疗。这可能包括开发个性化的微生物制剂、指导膳食调整或设计针对菌群的其他干预策略。肠道菌群调控与干预的研究对于深入了解菌群与疾病之间的关系、揭示其调控和干预机制至关重要，可为精准医学和个性化治疗提供理论和实践基础。

肠道菌群调控与干预研究方法的主要优点如下。

（1）高灵敏度和准确性

先进的分子生物学技术和高通量测序技术的发展提供了高度灵敏的检测和分析，准确了解肠道微生物的组成、结构和功能。

（2）多维度数据分析

运用多样性分析技术（如16S rRNA基因测序、宏基因组测序）和功能分析手段（如代谢组学、功能基因组学），可以全面分析肠道微生物群落的多样性和功能，揭示微生物群的整体生态结构。

（3）基于动物模型评估干预效果

利用合适的动物模型进行肠道菌群干预研究，能模拟人体内的微生态环境，提供实验数据和验证研究结果，推动该领域的科学发展。同时，对不同的肠道微生物群干预策略进行有效评估，验证其对微生物组成和功能的影响，并优化干预策略的选择和实施。

（4）可操作性强

肠道菌群干预研究方法操作简便，易于实施，研究人员根据需要进行实验设计和操作，探究微生物对宿主的调控作用。

（5）推动个性化治疗

结合研究方法的结果，有望实现个性化治疗策略的设计与实施，为未来精准化治疗提供更多机会。

（6）学科交叉特征明显

肠道菌群干预研究涉及多个学科领域，如微生物学、营养学、药理学等。未来的研究将更加重视多学科合作，共同推进该领域的发展。

肠道菌群调控与干预研究是一个不断发展的领域，将有广阔的应用前景。

（1）精准化治疗

随着技术的进一步发展，我们将能够更精确地了解个体菌群的特征和变异性，这将为精准化治疗提供更多机会。

（2）利用菌群代谢产物

未来的研究将更加关注菌群产生的代谢产物，探索其与疾病的关系，并开发相应的干预策略。

（3）微生物转移

肠道菌群转移是一项新兴的治疗策略，已在临床上得到应用。未来的研究将进一步探索微生物转移的机制，优化其应用方法，并研究其在其他疾病治疗中的潜力。

（4）个体化膳食方案和微生物制剂

根据个体的菌群特征和需求，设计个体化的膳食方案和微生物制剂将成为未来的研究重点。这将为个体提供更有效的肠道调控策略，促进肠道健康。

5.8 肠道菌群代谢物的研究方法

研究肠道菌群代谢物可以通过以下多种方法进行。

（1）16S rRNA基因测序技术

通过提取肠道菌群中的DNA，使用特定的引物扩增16S rRNA基因片段，然后进行高通量测序分析。通过比对分析，可以推断菌群的种类分布和相对丰度，并进一步进行代谢功能分析。

（2）全基因组测序技术

对肠道菌群中的DNA进行全基因组测序，可以准确地获得肠道菌群的基因组信息和功能潜力。

（3）代谢组学测序技术

通过液相色谱-质谱联用（LC-MS）或气相色谱-质谱联用（GC-MS）等技术，对肠道菌群代谢产物进行定性和定量分析。这些代谢产物包括有机酸、激素、氨基酸、脂类等，可以揭示菌群的代谢特征和功能。

（4）核磁共振波谱（NMR）

利用NMR技术可以对肠道菌群代谢产物进行识别和定量分析，该方法具有非破坏性、高灵敏度和无需预处理的优点，对于水溶性代谢物的研究非常有价值。

以上方法的选择取决于研究的目的、样本情况、研究经费和设备等。综合运用这些方法，可以全面且准确地研究肠道菌群代谢物的特征和功能，深入了解代谢物与人体健康之间的相互关系，为相关疾病的治疗和预防提供理论依据和策略。

5.8.1 16S rRNA基因测序技术

尽管16S rRNA基因测序技术主要用于菌群的分类和定量分析，但也可以利用这些数据来推断肠道菌群的代谢潜力和功能。通过16S rRNA基因测序技术，可以收集到大量的肠道菌群测序数据。将这些序列与已知细菌数据库进行比对，可以确定不同肠道菌群的种类和相对丰度。然后，通过对这些肠道菌群在代谢功能方面的研究，可以推断肠道菌群的代谢潜力。另外，16S rRNA基因测序数据还可以与其他代谢组学数据进行整合，这样可以更全面地揭示肠道菌群的代谢特征和功能。因此，16S rRNA基因不但能够对肠道菌群进行分类和定量分析，也能够为肠道菌群代谢研究提供了重要的信息。结合其他代谢物研究方法，可以更深入地了解肠道菌群的代谢功能，并为相关疾病的治疗提供指导和策略。

5.8.2 全基因组测序技术

全基因组测序技术可以对肠道菌群的基因组进行全面测序和分析。与16S rRNA基因测序技术相比，全基因组测序技术能够提供更详细、更全面的菌株水平的分析以及功能潜力的预测，因此在肠道菌群代谢物的研究中具有重要的应用价值。通过全基因组测序，可以获得肠道菌群中各种细菌的基因组信息，基于这些测序数据，研究者可以预测肠道菌群的代谢潜力和功能，例如酶的存在与编码、代谢路径的鉴定等。同时，全基因组测序数据也可以与代谢组数据相结合，这样可以了解肠道菌群产生的代谢产物与不同细菌的代谢能力之间的关系，揭示菌群的代谢网络和潜在的生化反应。值得注意的是，全基因组测序技术需要较高的测序深度，数据处理较复杂，同时对于未知种群的识别和组装也是一个挑战。尽管全基因组测序技术在肠道菌群代谢物研究中的应用还相对较少，但是它能提供更丰富的信息，有望推动对于肠道菌群代谢特征和功能的深入研究，为相关疾病的治疗和预防提供更精准的手段和策略。

5.8.3 代谢组学测序技术

代谢组学测序技术是一种通过高通量测序技术对生物体内代谢产物进行定量和定性分析的方法。这项技术主要关注于了解代谢产物的种类、数量和变化趋势，以全面了解生物体内的代谢物组成。代谢组学测序技术通过测定样本中的代谢产物，如脂质、氨基酸和糖类等，可以获取大量的代谢信息，从而揭示生物体的代谢特征和变化规律。该技术可以应用于疾病诊断、药物研发、营养代谢等领域。常用的代谢组学测序技术包括质谱法和核磁共振谱等。代谢组学测序技术与肠道菌群代谢物研究相结合能更全面地揭示代谢组和肠道菌群之间的相互影响关系，为了解宿主代谢与菌群功能的相互作用提供更深入的理解。通过揭示代谢类疾病的发生机制和发现潜在的治疗靶点，代谢组学测序技术为定制个性化医疗提供理论基础。

5.8.4 核磁共振波谱技术

核磁共振波谱（NMR）是一种常用的分析技术，可用于研究肠道菌群代谢物的构成和浓度。NMR基于原子核在外加磁场中的能级差异，通过测量物质中不同原子核的共振频率来获取结构和定量信息。在肠道菌群代谢物研究中，NMR可通过分析粪便或气体中代谢产物的NMR谱图，快速探测大量代谢产物的含量和变化。NMR可以提供代谢产物的结构特征、峰位和相对丰度等信息，帮助确定组分、鉴定未知化合物和监测代谢活性的变化。通过将NMR与肠道菌群代谢物研究结合，可以迅速获取大量菌群代谢物的信息，并揭示其在健康和疾病中的变化模式，这有助于了解菌群代谢的功能和调控机制，及其在人体健康中的潜在作用。此外，NMR还可与其他分析技术相结合，如质谱联用技术，进一步提高代谢物的鉴定精度和代谢路径分析能力。综上所述，核磁共振波谱在肠道菌群代谢物研究中具有重要的应用价值，可为了解菌群代谢的功能和与宿主健康的关系提供有力的支持。

肠道菌群代谢物研究方法存在一些问题需要解决。

（1）代谢物鉴定的难度大

肠道菌群代谢物组成复杂多样，其中许多代谢物尚未被鉴定或无法准确鉴定，这导致在肠道菌群代谢物研究中，鉴定代谢物的结构和种类存在挑战，需要更精确的分析技术和数据库支持。

（2）样品收集和处理的标准化

肠道菌群代谢物研究需要准确、一致的样品收集和处理方法。然而，不同实验室之间样品处理的标准化程度不同，样品收集、保存和处理的差异可引起研究结果的偏差。

（3）数据解释和关联分析的复杂性

肠道菌群代谢物的产生与环境、宿主基因等多个因素相关，因此在数据解释和关联分析时需要考虑多个变量之间的复杂关系。此外，代谢物的组成和浓度可能受到个体差异的影响，因此需要进行个体化分析和定量比较。

（4）功能验证和机制解析的挑战

虽然肠道菌群代谢物研究能够发现与健康和疾病相关的代谢物，但要深入理解这些代谢物的功能和作用机制仍具有挑战性。获得代谢物的相关信息后，需要进一步进行实验验证和机制解析，才能揭示菌群代谢物对宿主的影响和调控机制。为了克服这些问题，需要加强多学科的合作，开发更准确、高效的分析技术和数据库，并建立统一的样品收集和处理标准。此外，将代谢物研究与功能验证和机制解析相结合，可以更好地解释代谢物的生物学意义和潜在疾病机制。

肠道菌群代谢物研究有着广阔的前景。

（1）健康与疾病研究

肠道菌群代谢物与人体健康之间的关系被越来越多的研究所关注，进一步的研究将有助于揭示肠道菌群对健康的影响机制，为疾病的预防、诊断和治疗提供新的途径。

（2）新药研发

肠道菌群代谢物研究可以发现与疾病相关的生物标志物，并鉴定菌群代谢物与药物作用的关联。这将在新药研发中提供潜在的靶点和候选化合物，推动个性化、精准治疗策略的发展。

（3）肠道菌群调控

通过深入研究肠道菌群代谢物对宿主代谢和免疫系统调节的作用，可以拓展对肠道菌群调控的认识，这有助于开发创新的肠道菌群调控策略。

（4）个体化医疗的发展

通过肠道菌群代谢物研究，可以对个体之间的代谢差异进行详细分析，进而实现个体化医疗的目标。通过以个体为中心的分析，可以为每个人提供定制化的治疗方案，从而提高治疗的效果。

（5）促进营养健康的发展

肠道菌群代谢物研究可以促进营养健康的发展，通过调控菌群代谢产物的产生，改善营养吸收、能量平衡和代谢调节，这将有助于开发个性化的膳食和营养干预策略，预防和治疗与营养相关的疾病。

总之，肠道菌群代谢物研究在未来将进一步深入，并与其他学科交叉合作，为人类健康提供更具前瞻性和创新性的解决方案。通过深入研究肠道菌群的代谢活性，可以为个体化医疗、新药研发、营养和疾病研究等提供新的突破。

参考文献

[1] Turnbaugh P J, Hamady M, Yatsunenko T, et al. A core gut microbiome in obese and lean twins[J]. Nature, 2009, 457(7228): 480-484.

[2] Ley R E, Turnbaugh P J, Klein S, et al. Human gut microbes associated with obesity[J]. Nature, 2006, 444(7122): 1022-1023.

[3] Qin J, et al. A human gut microbial gene catalogue established by metagenomic sequencing[J]. Nature, 2010, 464(7285):59-65.

[4] Eckburg P B, Bik E M, Bernstein C N, et al. Diversity of the human intestinal microbial flora[J]. Science, 2005, 308(5728): 1635-1638.

[5] Caporaso J G, et al. QIIME allows analysis of high-throughput community sequencing data[J]. Nature Methods, 2010, 7(5):335-366.

[6] Claesson M J, O' Sullivan O, Wang Q, et al. Comparative analysis of pyrosequencing and a phylogenetic microarray for exploring microbial community structures in the human distal intestine[J]. PloS One, 2009, 4(8): e6669.

[7] Lozupone C, Lladser M E, Knights D, et al. UniFrac: An effective distance metric for microbial community comparison[J]. The ISME Journal, 2011, 5(2): 169-172.

[8] Arumugam M, Raes J, Pelletier E, et al. Enterotypes of the human gut microbiome[J]. Nature, 2011, 473(7346): 174-180.

[9] de Santis T Z, Hugenholtz P, Larsen N, et al. Greengenes, a chimera-checked 16S rRNA gene database and workbench compatible with ARB[J]. Applied and Environmental Microbiology, 2006, 72(7): 5069-5072.

[10] Edgar R C, Haas B J, Clemente J C, et al. UCHIME improves sensitivity and speed of chimera detection[J]. Bioinformatics, 2011, 27(16): 2194-2200.

[11] Arumugam M, Raes J, Pelletier E, et al. Enterotypes of the human gut microbiome [J]. Nature, 2011, 473(7346):174-180.

[12] Karlsson F H, Tremaroli V, Nookaew I, et al. Gut metagenome in European women with normal, impaired and diabetic glucose control [J]. Nature, 2013, 498(7452):99-103.

[13] Le Chatelier E, Nielsen T, Qin J, et al. Richness of human gut microbiome correlates with metabolic markers[J]. Nature, 2013, 500(7464): 541-546.

[14] Wu G D, Chen J, Hoffmann C, et al. Linking long-term dietary patterns with gut microbial enterotypes [J]. Science, 2011, 334(6052):105-108.

[15] Yatsunenko T, Rey F E, Manary M J, et al. Human gut microbiome viewed across age and geography [J]. Nature, 2012, 486(7402):222-227.

[16] Lloyd-Price J, Abu-Ali G, Huttenhower C. The healthy human microbiome[J]. Genome Medicine, 2016, 8(1): 1-11.

[17] Lozupone C A, Stombaugh J I, Gordon J I, et al. Diversity, stability and resilience of the human gut microbiota [J]. Nature, 2012, 489(7415):220-230.

[18] Karlsson F H, Fåk F, Nookaew I, et al. Symptomatic atherosclerosis is associated with an altered gut metagenome [J]. Nature Communications, 2012, 3:1245.

[19] Vrieze A, Holleman F, Zoetendal E G, et al. The environment within: how gut microbiota may influence metabolism and body composition [J]. Diabetologia, 2010, 53(4):606-613.

[20] Human Microbiome Project Consortium. Structure, function and diversity of the healthy human microbiome [J]. Nature, 2012, 486(7402):207-214.

[21] Le Chatelier E, Nielsen T, Qin J, et al. Richness of human gut microbiome correlates with metabolic markers[J]. Nature, 2013, 500(7464):541-546.
[22] David L A, Maurice C F, Carmody R N, et al. Diet rapidly and reproducibly alters the human gut microbiome [J]. Nature, 2014, 505(7484):559-563.
[23] Kostic A D, Gevers D, Siljander H, et al. The dynamics of the human infant gut microbiome in development and in progression toward type 1 diabetes [J]. Cell Host Microbe, 2015, 17(2):260-273.

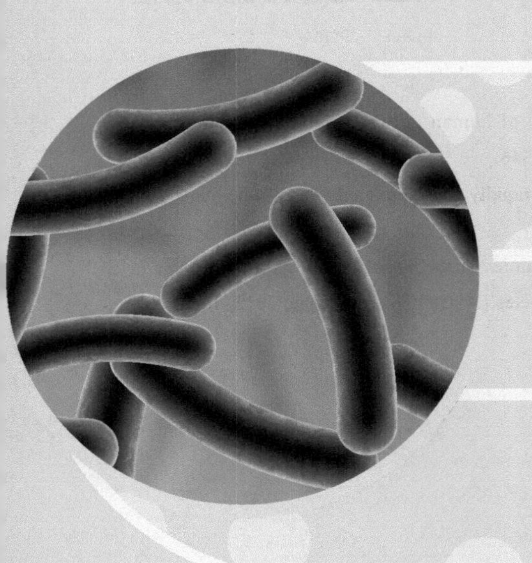

第6章 肠道菌群与代谢类疾病、消化类疾病、神经类疾病的关系

6.1 肠道菌群与代谢类疾病的关系

6.1.1 代谢类疾病概述

代谢类疾病是指与人体代谢过程相关的各种疾病，包括但不限于以下几种常见的代谢类疾病。

（1）肥胖症

肥胖症是一种以体内脂肪堆积过多为特征的疾病，多与能量摄入过剩和消耗不足有关。肠道菌群失衡可能导致食物中能量被过度吸收，进而导致能量过剩和脂肪堆积，最终导致肥胖症的发生。

（2）Ⅱ型糖尿病

Ⅱ型糖尿病是一种以胰岛素抵抗和胰岛素分泌不足为特征的代谢类疾病。肠道菌群失衡可能导致炎症反应增加、肠道屏障功能受损等，进而影响胰岛素的正常分泌和作用，最终导致Ⅱ型糖尿病的发生。

（3）高血压

高血压是一种常见的心脑血管疾病，肠道菌群的失衡可能导致肠道血管紧张素生成增加、硝酸盐生成减少等，进而导致血压升高。

（4）高脂血症

高脂血症是指血液中脂质，如胆固醇和甘油三酯等的浓度过高。肠道菌群失衡可能影响胆固醇的吸收和代谢，导致血液中胆固醇水平升高，从而引发高脂血症。

6.1.2 肠道菌群与肥胖

近年来，越来越多的研究表明，肠道菌群与肥胖存在密切的关系。肥胖是一种体重超过正常范围的病态，往往伴随着脂肪组织的积累。一些研究发现，肥胖患者的肠道菌群与非肥胖人群的肠道菌群存在显著差异。

（1）肠道菌群的丰度和多样性

肥胖者的肠道菌群丰度通常较低，多样性也较差。

（2）肠道菌群的代谢活性

肠道菌群可以参与食物的消化过程，并影响能量的吸收。肥胖者的肠道菌群在代谢活性上可能存在异常，导致食物被更有效地吸收和储存，进而导致能量过剩和脂肪堆积。

（3）肠道菌群产生的代谢物

肠道菌群还可以产生多种代谢物，如短链脂肪酸等。具有调节能量平衡、降低肠道炎症和增强肠黏膜屏障功能的作用。肥胖者的肠道菌群可能产生较少的短链脂肪酸，影响能量代谢的平衡。虽然肠道菌群与肥胖之间存在关联，但要注意的是，肥胖是一个复杂的疾病，不仅与肠道菌群有关，还与遗传、环境和生活方式等因素有关。因此，未来的研究需要更深入地探索肠道菌群在肥胖发生和发展中的具体作用，并寻求通过调节肠道菌群来预防和治疗肥胖的策略。

目前，已有利用肠道菌群来预防和治疗肥胖的实例。

① 研究人员发现，肥胖志愿者肠道内拟杆菌门比例与非肥胖志愿者相比明显降低，放线菌门比例明显升高；肥胖志愿者中75%肠道微生物基因来源于放线菌门，而非肥胖志愿者42%的肠道微生物基因来源于拟杆菌门。与正常个体比较，肥胖志愿者肠道微生物中厚壁菌门比例相对较高；当肥胖志愿者体重减轻时，其肠道微生物中厚壁菌门比例则与正常个体相似。

② 在另一项研究中，法国、美国、罗马尼亚科学家将肥胖大鼠肠道的高比值厚壁菌门与拟杆菌门移植给无菌小鼠，成功地复制出肥胖表型，且鉴定出3种与肥胖相关的菌株：颤杆菌和梭菌属14a簇及4簇。

③ 还有研究发现，肠道内双歧杆菌和史氏甲烷短杆菌与体重正常者密切相关，而罗伊氏乳杆菌与肥胖者密切相关。

利用饮食调节肠道菌群是一种潜在的治疗和预防肥胖的方法。越来越多的研究表明，肠道菌群与肥胖之间存在一定的关联，通过改变肠道菌群组成可以对肥胖产生积极的影响。

（1）饮食调整

饮食是直接影响肠道菌群的重要因素。增加膳食纤维摄入可以促进有益菌的生长，如蔬菜、水果、全谷物等。同时，减少高糖、高脂和加工食品的摄入，可以防止有害菌的过度生长。

（2）益生菌和益生元的补充

益生菌和益生元的补充可以改善肠道菌群组成，并有助于减小肥胖风险。这种方法已经在一些研究中显示出减小肥胖风险和改善代谢指标的效果。

（3）抗生素的谨慎使用

滥用抗生素可能破坏肠道菌群平衡，影响菌群多样性和菌群功能。因此，在使用抗生素时要谨慎，并遵循医嘱和用药指导。

（4）生活方式管理

适度的运动和合理的生活习惯也有助于维持健康的肠道菌群。定期运动可以改善肠道血液循环和肠道蠕动，有助于促进有益菌生长。规律的作息和充足的睡眠也对肠道菌群的平衡有积极影响。

总体而言，尽管调节肠道菌群来预防肥胖的潜力很大，但仍然面临一些问题和挑战。进一步的研究、标准化的治疗方案和与专业医生的紧密合作将有助于克服这些问题并推动该领域的发展。

目前，仍存在一些问题需要解决。

（1）缺乏一致性的研究结论

目前的研究结果在调节肠道菌群与肥胖之间的关系上存在不一致性。一些研究发现特定的菌群与肥胖相关，而其他研究则未能得出一致的结论。这可能是由于个体差异、环境因素和研究设计等因素的影响导致的。

（2）缺乏标准化的肠道菌群调节方法

尚未确定最佳的菌群调节方法、剂量和时机。此外，不同的人可能对相同的菌群调节方法有不同的反应，因此需要个体化的治疗方案。

（3）长期效果和安全性的验证

肠道菌群调节的长期效果和安全性还需要进一步研究，特别是关于潜在的副作用和长期影响的评估。因此，长期和大规模的临床研究是非常必要的。

（4）饮食和生活方式的影响

肠道菌群的平衡受到饮食和生活方式的影响，因此单纯通过调节肠道菌群并不足以预防肥胖。均衡的饮食结构和健康的生活方式仍然是预防肥胖的关键。

6.1.3 肠道菌群与糖尿病

肠道菌群与糖尿病之间存在紧密的关联。以下研究结果揭示了肠道菌群与糖尿病之间的关联。

（1）肠道菌群失调与胰岛素抵抗

研究表明，肠道菌群的失衡会导致机体胰岛素敏感性降低，从而增加患糖尿病的风险。

（2）肠道菌群代谢产物与胰岛素抵抗

肠道菌群的代谢活动会产生一系列代谢产物，如短链脂肪酸等，这些代谢产物可以影响胰岛素信号通路，从而影响血糖代谢。

（3）炎症反应与糖尿病

某些肠道菌群失调会引发机体炎症反应，而炎症状态与糖尿病的发生和发展密切相关。

（4）肠道菌群对饮食营养的影响

肠道菌群可以影响食物的消化吸收，特别是碳水化合物的代谢，这也与糖尿病的发展密切相关。

（5）肠道菌群与肥胖症的关联

肥胖是糖尿病的一个重要危险因素，而肠道菌群的失调也与肥胖密切相关，肥胖可能通过影响肠道菌群与糖尿病相关。

利用调节肠道菌群来预防和治疗糖尿病已有一些实例。一些研究表明，通过口服益生菌制剂（如双歧杆菌）或摄入富含益生元的食物（如洋葱、大蒜、鳄梨等）可以改善肠道菌群的平衡，减少炎症反应，降低胰岛素抵抗和血糖异常的风险。另一项研究证实，肠道菌群移植可以改善胰岛素敏感性和血糖控制。如肠道菌群移植是一种通过将健康人的肠道菌群移植到患有糖尿病的人体内，以恢复肠道菌群平衡的方法。因此，在考虑调节肠道菌群的方法时，一方面需要更多大规模、长期的临床研究来验证其效果和安全性，另一方面要同时考虑个体差异和环境因素也可能对肠道菌群的响应造成的影响。

调节肠道菌群可以作为预防糖尿病的一种策略，以下是一些可能的方法。

① 健康的饮食习惯是维持肠道菌群平衡的关键。因此，应增加膳食纤维的摄入，减少高脂、高糖和高盐食品的摄入。

② 通过口服益生菌制剂或增加富含益生元的食物摄入有助于调节肠道菌群。

③ 合理使用抗生素可以减少对肠道菌群的干扰。

④ 压力和睡眠不足可以影响肠道菌群平衡。寻找有效的应对压力的方法，保持良好的睡眠质量，有助于维持健康的肠道菌群。

通过调节肠道菌群预防糖尿病具有广阔的发展前景，具体表现在以下几个方面。

① 通过调节肠道菌群可以影响胰岛素分泌和胰岛素的敏感性，可以改善血糖控制。一些研究已经发现，通过口服益生菌和益生元，可以改善胰岛素

抵抗和血糖调节过程，从而降低糖尿病的风险。

② 肠道菌群代谢产物（如短链脂肪酸）也可以影响能量代谢和血糖控制。短链脂肪酸可以促进胰岛素分泌、改善胰岛素敏感性，并影响葡萄糖代谢的关键过程，有助于预防糖尿病的发生和发展。

③ 肠道微生物可能影响宿主的炎症反应，通过调节肠道微生物群可能减轻炎症反应和提高胰岛素敏感性。

④ 粪菌移植治疗糖尿病在改善糖尿病患者的胰岛素敏感性和血糖控制方面具有广阔前景，有望成为一种新的有效治疗方法。然而，目前肠道菌群调节预防糖尿病的研究仍面临着一些问题和挑战，进一步的研究和临床证据的积累，以及个体化的治疗策略的发展将有助于解决这些问题并推进该领域的发展。

6.1.4 肠道菌群与高血压

越来越多的研究表明，肠道菌群与高血压存在着紧密的关系。主要体现在以下几方面。

（1）血管健康

肠道菌群的失调可能导致血管功能异常，包括血管内皮功能障碍和血管炎症，进而影响血压的调节和维持，从而增加患高血压的风险。

（2）炎症反应

肠道菌群失调可能引发机体炎症反应，而炎症反应与高血压之间存在密切的联系，炎症状态的维持可能导致血管收缩和血压升高。

（3）肠道菌群代谢产物

肠道菌群的代谢活动会产生一些代谢产物，如氨基酸代谢产物等，这些代谢产物可能会影响血管张力，进而导致高血压的发生与发展。

（4）盐敏感性

研究表明，肠道菌群的失调可能使个体对盐的敏感性增加，而高盐饮食是导致高血压的一个重要因素。

（5）神经内分泌调节

肠道与中枢神经系统、内分泌系统有着复杂的相互作用，肠道菌群的失调可能会干扰神经内分泌调节，从而影响血压的稳定。

一些研究已经探索了肠道菌群与高血压之间的关系，并发现一些有望实现的利用肠道菌群调节高血压的策略。利用肠道菌群治疗高血压的主要策略涉及饮食调节、运动减肥、抗生素合理使用、情绪管理等多方面，例如，增加膳食纤维的摄入，以及摄入富含短链脂肪酸的食物可以促进肠道菌群的平衡，从而有助于降低血压。胆汁酸是一种由肝脏合成并在肠道中分泌的物质，可以影响肠道菌群的组成。一些药物，如考来烯胺、考来替泊等，可以通过改变胆汁酸代谢来调节肠道菌群，有效降低血压。个体差异、环境因素、饮食结构等因素在肠道菌群与高血压关系中也起着重要作用。此外，基于动物模型的研究证实，通过调节肠道菌群可以降低血压。该研究通过益生菌补充、肠道菌群移植等方法来调节肠道菌群，发现肠道菌群的改变可以有效降低动物的收缩压和舒张压。一些人类研究也支持肠道菌群与高血压之间的关联。例如，一项对221名亚洲人的研究发现，患有高血压的人与健康人的肠道菌群组成存在明显差异。一些临床研究探索了益生菌的应用对高血压预防和治疗的效果。一项研究发现，补充乳酸杆菌可以显著降低高血压患者的收缩压和舒张压。尽管肠道菌群预防高血压的研究还相对较少，但已经初步证实了肠道菌群与高血压之间的关联。随着更多研究的深入和发展，相信未来将有更多针对肠道菌群预防高血压的治疗策略得到验证和应用。

6.1.5 肠道菌群与高脂血症

肠道菌群与高脂血症存在密切的关系。高脂血症是指血浆中胆固醇和/或甘油三酯水平增高，是一种代谢紊乱的疾病。

（1）肠道菌群影响脂质代谢

肠道菌群可以参与人体的脂质代谢过程。一些研究发现，肠道菌群的失衡与高脂血症的发生和发展密切相关。不良的菌群组成或功能异常可能导致脂质吸收过程的改变，增加胆固醇的吸收和合成，降低脂质的代谢和消化，导致血脂异常。

（2）肠道菌群代谢产物影响脂质代谢

肠道菌群代谢过程中产生的代谢产物，如短链脂肪酸，可能有助于调节脂质代谢。研究发现，适度的短链脂肪酸可以促进脂质代谢和降低胆固醇水平。然而，不同的菌株和代谢产物对脂质代谢的影响仍需进一步研究。

（3）肠道菌群受饮食影响

饮食是影响肠道菌群的重要因素，而饮食结构与高脂血症之间密切相关。高胆固醇、高脂肪、高糖的饮食习惯可能导致肠道菌群失衡，从而增加患高脂血症的风险。尽管肠道菌群与高脂血症之间存在关联，我们仍需要进一步研究来明确肠道菌群在高脂血症发生、发展中的具体机制，并开发相应的干预策略，以预防和治疗高脂血症。

目前，利用肠道菌群调节高脂血症的主要策略有调整饮食结构、补充益生菌或益生元、植物化合物的摄入等。例如，研究表明，益生菌和益生元的补充可以调节肠道微生物，改善肠道菌群平衡，从而有助于降低血液中的胆固醇和甘油三酯水平，减少动脉粥样硬化等高脂血症相关疾病的风险。此外，一些黄酮类和类黄酮类化合物，具有调节脂质代谢和降低胆固醇水平的作用。这些化合物主要存在于一些蔬菜、水果、坚果等食物中。增加这些植物化合物的摄入，可以促进肠道菌群的代谢活性，有助于降低高脂血症风险。

肠道菌群调节高脂血症的应用前景非常广阔。借助深入研究和不断创新，肠道菌群调节有望作为一种全新的治疗策略，为高脂血症患者提供更有效的治疗方案，从而提高患者的生活质量并降低相关疾病风险。

① 随着对肠道菌群与高脂血症之间关系的深入研究，未来可以实现个性化的肠道菌群调节方案。通过分析每个人的菌群特征和代谢状态，制订个性化的治疗方案，提高治疗效果。

② 肠道菌群调节有望成为高脂血症的新型治疗策略。研究人员可以根据不同菌群的特性设计相应的制剂，以提高调节效果。

③ 肠道菌群调节可以作为高脂血症的综合治疗手段之一，与药物治疗、饮食控制和运动结合使用，可以降低血脂水平，减少高脂血症相关风险。

④ 肠道菌群调节可被用于预防高脂血症的发生。通过调理肠道微生态环境，促进有益细菌生长，减少有害细菌数量，维持良好的肠道菌群平衡，从而降低患高脂血症的风险。

6.2 肠道菌群与消化类疾病的关系

6.2.1 消化类疾病概述

消化类疾病是指影响消化器官（如食管、胃、肠道、肝脏、胆囊和胰腺）功能和结构的一类疾病。这些疾病可以涉及消化道的任何部分，导致出现消化不良、肠胃疼痛、肝功能异常等症状。一些常见的消化类疾病如下。

（1）胃食管反流病

胃酸倒流到食管，引起胸骨后疼痛、胃灼热等症状。

（2）胃溃疡

胃黏膜受损，引发胃部疼痛、消化不良和出血。

（3）肝炎和肝硬化

肝脏受损，导致肝功能异常，如乙型肝炎、丙型肝炎和酒精性肝炎等。

（4）胰腺炎

胰腺发炎，引起严重的腹痛、消化不良等问题。

（5）肠易激综合征

肠道功能紊乱，导致腹痛、腹泻或便秘等症状。

（6）克罗恩病和溃疡性结肠炎

身体对自身消化道组织发生异常反应，引起炎症，导致腹痛、腹泻等问题。

肠道菌群与消化类疾病存在密切的关联。肠道菌群在维持消化系统健康方面起着重要作用。它们参与食物消化、养分吸收、抗菌防御和免疫调节等过程，与消化系统的健康密切相关。一些消化类疾病与肠道菌群的失衡或异常有关，包括以下一些常见疾病。

（1）肠易激综合征（IBS）

研究发现，健康人的肠道菌群组成与肠易激综合征患者的肠道菌群组成存在差异。这些差异可能与炎症、肠蠕动和神经调节等因素有关，从而导致了IBS的症状。

（2）炎症性肠病（IBD）

研究表明，IBD患者的肠道菌群组成和功能发生了改变，可能与免疫系统的异常反应和肠道黏膜屏障功能受损有关。

（3）肠道感染

肠道感染常常导致菌群失调，例如被病原菌（如沙门氏菌、大肠杆菌）感染，会对肠道菌群的正常组成和功能造成损害，导致腹泻、腹痛等症状。

（4）脂肪肝、肝硬化

肠道菌群与脂肪肝、肝硬化的关系是一个相互作用的复杂的过程。肠道菌群的失衡可能是脂肪肝向肝硬化发展的一个关键环节，因此，通过干预肠道菌群来调节肝脏健康，可能成为未来治疗脂肪肝、肝硬化的重要策略之一。

6.2.2　肠道菌群与肠易激综合征

肠易激综合征（irritable bowel syndrome，IBS）是一种常见的慢性肠道功能紊乱疾病，常表现为腹痛、腹泻或便秘等症状，但没有明确的结构性或生化学异常。研究显示，肠道菌群与肠易激综合征之间存在一定的关联。多项研究发现，IBS患者与健康人相比，其肠道菌群组成存在显著差异，如某些有益菌种群丰度降低以及某些有害菌种群丰度增加。这些异常的菌群组成可能与炎症反应、肠蠕动和神经调节等因素有关。肠易激综合征患者的菌群功能也可能发生异常。菌群对食物的代谢能力受损，导致肠道气体过多，腹胀和腹痛等症状加重。肠道菌群与肠黏膜的相互作用也可能在肠易激综合征的发生和发展中起着重要的作用。肠道菌群的异常可以促进炎症反应，导致肠道黏膜屏障损伤，从而导致肠易激综合征的症状加重。基于以上发现，肠道菌群调节被认为是治疗肠易激综合征的一种策略。

肠易激综合征（IBS）的治疗是一个相对复杂的过程，其中肠道菌群的调节被认为是一种有潜力的治疗策略。尽管肠易激综合征的具体治疗方法仍在研究和发展中，但以下是一些基于肠道菌群调节的常见治疗策略。

（1）益生菌的使用

在肠易激综合征患者中，常常存在益生菌数量减少的情况。为了恢复菌群的平衡，可以通过口服益生菌来增加有益菌的数量。研究表明，益生菌的使用可以显著减轻腹痛、腹胀和腹泻等症状。常用的益生菌包括双歧杆菌和乳酸杆菌等。不同的菌株和组合可能对不同的患者产生不同的效果。

（2）饮食调整

根据个体的耐受性，可能需要避免或限制摄入某些触发食物，如高脂食物、辛辣食物、咖啡因、乳糖和人工甜味剂等。一些研究表明，特定的饮食模式，如低FODMAP饮食，可以减轻IBS患者的症状。FODMAP代表发酵性寡糖、双聚糖、单聚糖和多元醇，这些是一类难以被某些患者消化吸收的碳水化合物。限制FODMAP食物的摄入可以减少肠道菌群的发酵产物，从而减轻症状。

利用肠道菌群治疗IBS存在一些问题和挑战。虽然一些研究表明通过调节肠道菌群可以改善IBS的症状，但研究结果并不一致。这可能是因为肠道菌群的组成和功能在不同的个体之间存在差异，且IBS是一个复杂的疾病，受多种因素的影响。目前还没有明确的标准化的治疗方案用于调节肠道菌群。不同的研究采用不同的益生菌菌株和剂量、益生元种类和饮食限制等策略，导致治疗效果存在差异。每个人的肠道菌群组成和功能都不同，因此对于同一种治疗方法的反应可能也会有所不同。此外，一些患者可能对某些益生菌或益生元过敏或不耐受，出现副作用。目前关于肠道菌群治疗IBS的长期疗效和持续性的研究较少。因此，尚需深入研究肠道菌群调节治疗的长期效果。

尽管肠道菌群治疗肠易激综合征面临一些问题，但它仍具有广阔的应用前景。通过检测肠道菌群的变化，可以帮助诊断和区分IBS与其他类似疾病，并为治疗方案的选择提供依据。通过调节肠道菌群的组成和功能，可以恢复肠道菌群的平衡和稳定性，改善肠道菌群对炎症的调节能力，增强对抗病原菌的能力，从而减轻IBS的症状。肠道菌群治疗可以作为IBS综合治疗策略的一部分，与其他治疗方法（如饮食调整、心理疗法）结合使用，产生协同效应，提高治疗效果。

（3）心理疗法

情绪因素在IBS的发作和症状加重中起着重要作用。心理疗法，如认知行为疗法、心理压力管理和放松训练等，可以帮助患者应对压力和焦虑，从而改善肠易激综合征的症状。需要指出的是，治疗肠易激综合征是一个个体化的过程，因为不同的患者可能对不同的治疗方法和策略有不同的反应。对于严重的症状和复杂的情况，应及时就医，咨询医生，以制定适合自己的个体化治疗方案。

6.2.3 肠道菌群与炎症性肠病

炎症性肠病（IBD）是一组慢性、复发性的肠道炎症性疾病，包括克罗恩病和溃疡性结肠炎。这两种疾病都会导致肠道的炎症和溃疡形成，对患者的生活质量和健康造成重大影响。IBD是一种慢性疾病，需要长期的管理和治疗。IBD的具体病因尚不清楚，可能与遗传因素、免疫系统异常、环境因素和肠道菌群失调等多个因素有关。IBD患者常常表现为腹痛、腹泻、便血、体重下降、疲劳等症状。严重的情况下，可能出现贫血、营养不良和肠道梗阻等并发症。IBD的治疗目标是缓解症状、减少炎症发作，以及提高患者的生活质量。

肠道菌群与IBD的关系已经成为研究的热点。研究发现，肠道菌群在

IBD的发生和发展中扮演着重要的角色，具体表现为以下几方面。

（1）肠道菌群失调

IBD患者的肠道菌群组成常常发生改变，比如菌群的多样性降低，相对于健康人群，肠道内某些菌群的数量增加，而某些菌群数量减少。这种菌群失调可能导致炎症性反应的增强和肠道黏膜屏障的破坏。

（2）肠道菌群功能异常

IBD患者的肠道菌群也可能发生功能异常。一些肠道菌群会产生促炎症的代谢产物，如氨基酸代谢产物和脂质代谢产物，导致炎症和组织损伤进一步发展。

（3）肠道菌群-免疫系统相互作用

肠道菌群与免疫系统之间存在复杂的相互作用。肠道菌群可以调节免疫系统的反应性，维持免疫平衡。而IBD患者的菌群失衡可能导致免疫系统异常激活，加重肠道炎症。调节肠道菌群被认为是治疗IBD的一种策略。研究发现，调整肠道菌群的组成和功能，可以改善IBD患者的症状和炎症程度。在一项研究中，IBD患者接受了“粪菌移植”的治疗。该治疗方法将健康捐献者粪便中的肠道菌群经过处理后移植到患者的肠道中，用于调整肠道菌群的平衡。研究显示，粪菌移植可以显著改善IBD的症状和炎症程度。在一项针对溃疡性结肠炎的研究中，粪菌移植使得77%的患者得到了临床缓解和病情改善。另一项关于克罗恩病的研究也得出了类似的结论。粪菌移植被认为是一种安全有效的治疗IBD的方法，但仍然需要更多的临床研究来确定最佳的治疗剂量、频率和最佳的治疗时机。粪菌移植还面临着一些挑战，比如传染病风险和接受者菌群的长期稳定性。尽管如此，粪菌移植为利用肠道菌群治疗IBD提供了一个更加个性化和有效的选择，具有很好的应用前景。

总之，肠道菌群治疗IBD的主要策略包括益生菌和益生元的使用、肠道菌群的移植、药物治疗、饮食调整等。在治疗过程中，最佳的策略可能是综合使用多种方法，以达到最佳的治疗效果。同时，在治疗进程中需要密切监测，确保治疗的安全性和有效性。

肠道菌群治疗IBD的前景非常广阔。

（1）个体化治疗

随着对肠道菌群与IBD之间关系的深入研究，未来可以实现个性化的治疗策略，根据患者的菌群特征和病情，制订个性化的干预方案，提高治疗效果。

（2）创新疗法

肠道菌群调节可被用于IBD的创新治疗策略之一。通过修复菌群平衡、增加益生菌和益生元等方式，有助于调节IBD患者的免疫系统，改善其肠道炎症，缓解病情。

（3）预防复发

肠道菌群的调节对于预防IBD的复发也具有潜在的应用前景。通过维持肠道菌群的平衡状态，加强肠道屏障功能，有望降低疾病复发的风险。

（4）降低用药对机体的不良影响

通过调节肠道菌群，使身体更好地吸收药物，减少药物对机体的不良影响，达到更好的治疗效果。

6.2.4 肠道菌群与肠道感染

肠道感染是指消化道（肠道）受到病原微生物（如细菌、病毒、寄生虫等）感染而引起的疾病。这种感染的常见症状包括腹泻、腹痛、恶心、呕吐、发热等。肠道感染可以通过多种途径传播，包括食物、水源、接触传播以及人际传播等。一旦病原微生物进入消化道，它们会在肠道黏膜上繁殖并引起炎症反应，导致消化道的不适。常见的肠道感染病原体有腺病毒、轮状病毒、诺如病毒、大肠埃希菌、沙门氏菌、霍乱弧菌等。病原体不同，肠道感染的症状和严重程度也有所差异。治疗肠道感染的关键是保持充足的水分和电解质的摄入，以防止脱水。对于某些致病菌，如细菌感染，可能需要使用抗生素。但是，并非所有肠道感染都需要使用抗生素治疗，因为有些感染是由病毒引起的，抗生素对病毒无效。如果出现肠道症状，如腹泻、呕吐，尤其是持续时间较长或伴有严重的脱水症状，应及时就医。

肠道菌群与肠道感染之间存在密切的相互关系。正常情况下，肠道菌群可以起到抵御病原微生物的作用，维持肠道的健康状态。然而，当肠道菌群失衡时，病原微生物有可能引起肠道感染。肠道菌群的失衡可以由多种原因引起，如抗生素使用、不良饮食习惯等。这种失衡会导致有益菌减少，使得病原菌有机会繁殖并引起肠道感染。此外，一些研究发现，特定的肠道菌群组成也与感染的易感性和严重程度有关。另外，肠道感染本身也会对肠道菌群产生影响。感染过程中，病原微生物可以对肠道菌群产生抑制作用，导致菌群失衡或进一步破坏。这种肠道菌群失衡有可能进一步加重感染的严重程度和持续时间。因此，维护肠道菌群的平衡对于预防和治疗肠道感染非常重要。通过良好的饮食、适当使用抗生素、保持充足的水分和电解质的摄入等方式，可以促进有益菌群的生长和维持肠道健康。对于已经发生肠道感染的患者，调整肠道菌群可能有助于恢复肠道健康和加速康复过程。

肠道菌群移植在治疗一些肠道感染疾病上取得了显著的效果。其中最为成功的应用是治疗难辨梭菌感染（clostridium difficile infection，CDI）。CDI是一种由艰难梭菌引起的肠道感染疾病，通常会导致腹泻和严重的肠道炎症。传统的抗生素治疗对于某些CDI患者效果不佳，且易复发。FMT通过将健康捐赠者的粪便经筛选和处理后，通过直肠灌注或胃镜插管等方式将粪便中的功能菌群转移给接受者，以恢复接受者的肠道菌群平衡。相比于传统抗生素治疗，FMT在CDI的治疗中具有更高的成功率，且复发率较低。虽然FMT在CDI治疗中的应用取得了成功，但目前在其他肠道感染疾病中的应用还需要更多的研究和临床实践。针对特定病原菌的肠道感染，如霍乱弧菌感染或沙门氏菌感染等，正在探索通过肠道菌群治疗的潜力。

肠道菌群调整治疗对于不同的肠道感染疾病可能有所差异，因此治疗策略需要根据具体情况进行调整。对于特定病原菌引起的肠路感染，如细菌、病毒和寄生虫等，可能需要结合其他治疗手段。最终的治疗方案须经过临床研究，确保其安全性和有效性。

肠道菌群治疗肠道感染的应用前景非常广泛。通过调节肠道菌群结构和功能，可以提高免疫力，减少抗生素耐药性的发展，减轻炎症反应，预防复发，为肠道感染患者提供更个性化、有效的治疗策略。未来的研究和临床实践将进一步揭示肠道菌群在肠道感染治疗中的潜在作用，并为患者带来更好的治疗效果。

（1）抗微生物耐药性

传统抗生素治疗会导致细菌耐药性的增加，而调节肠道菌群可能是一种有效的替代治疗策略，有望减少抗生素的使用，降低抗生素耐药性的风险。

（2）恢复肠道微生态平衡

肠道菌群的失衡是肠道感染的一个重要因素，调节肠道菌群可以帮助恢复肠道的微生态平衡，增加有益菌群的数量，抑制有害菌群的生长。

（3）提高免疫力

肠道菌群与免疫系统密切相关，调节肠道菌群可以增强宿主的免疫功能，提高对感染的抵抗力，有望帮助预防和治疗肠道感染。

（4）减少炎症反应

肠道感染可能引发肠道炎症反应，而调节肠道菌群可以调节免疫系统，减少炎症反应的发生，从而缓解感染引起的炎症症状。

（5）预防复发

通过调节肠道菌群，维护肠道微生态平衡，有望降低肠道感染复发的风险。

6.2.5 肠道菌群与脂肪肝、肝硬化

脂肪肝是指肝脏内脂肪堆积过多，超过正常范围。这通常是饮食不健康，过多摄入高脂肪和高糖分的食物，或者酗酒等因素引起的。脂肪肝通常分为非酒精性脂肪性肝病（non-alcoholic fatty liver disease, NAFLD）和酒精性脂肪性肝病（alcoholic fatty liver disease, AFLD）两种类型。若不采取控制和改善措施，脂肪肝可能会演变为肝炎、肝纤维化甚至肝硬化。肝硬化是一种慢性进行性疾病，其特征是肝脏组织发生病理性的纤维化和结构性改变。肝硬化通常是肝脏长期受损的结果，如长期酗酒、慢性病毒性肝炎、脂肪肝等。肝硬化会影响肝脏功能，导致肝细胞逐渐减少并被瘢痕组织所替代。它还会导致肝功能受损、胆汁淤积、腹水、肝性脑病等并发症。脂肪肝和肝硬化都严重影响肝脏的功能，这些疾病需要重视并积极治疗。对于脂肪肝，改善饮食习惯、减少脂肪和糖分的摄入、控制体重、戒酒等是一些有效的治疗方法。对于肝硬化，治疗方法包括针对病因的治疗、抗纤维化药物的应用等。及时干预和治疗可以阻止疾病进一步恶化，并提高患者的生活质量。

6.2.5.1 肠道菌群与非酒精性脂肪肝

肠道菌群与NAFLD之间存在着密切的关系。NAFLD是指肝脏内脂肪积累异常，而没有与酗酒有关的肝病。下面是肠道菌群与NAFLD之间的几种可能的关系。

（1）炎症和肠道屏障功能

肠道菌群的失调可能导致肠道屏障功能受损，使得肠道内的细菌和其代谢产物（如内毒素）渗入到血液中，刺激炎症反应。这种炎症反应可能通过多个途径促进NAFLD的发展。

（2）膳食及代谢物的影响

肠道菌群可以影响人体能量代谢，以及膳食中脂肪、糖分、蛋白质等的消化和吸收。某些肠道菌群能够分解膳食纤维，产生短链脂肪酸这些短链脂肪酸对肝脏具有保护作用。而肠道菌群失调可能导致短链脂肪酸减少，从而导致肝脏脂肪积累增加，促进NAFLD的形成。

（3）转移的共生信号

肠道菌群通过释放信号分子，如细菌代谢产物和菌源性短链脂肪酸等，对人体的代谢和免疫系统产生影响。这些共生信号可能通过转移到肝脏影响肝胆代谢和炎症反应，从而在NAFLD的发展中发挥作用。

虽然目前对于肠道菌群与NAFLD之间的确切关系还需要进一步研究，但已有的研究结果表明肠道菌群的失调与NAFLD的风险增加有关。

肠道微生物对能量代谢、肝脏脂肪沉积等具有调节作用，通过改善肠道微生物可以影响NAFLD的进展。肠道微生物群的失衡可能会导致肠道内毒素的过度产生，这些毒素通过肝脏循环会对肝脏造成损害，所以可以通过降低肠道内毒素的产生来减轻肝脏的负担。

利用肠道菌群治疗NAFLD的主要策略包括饮食调整、益生菌的补充、益生元的摄入、抗生素的合理使用、肠道菌群移植等。例如，适量的膳食纤维可以降低血脂和血糖水平，有助于改善肠道微生物的菌群组成，并降低肝脏的脂肪积累。肠道菌群移植仍处于探索阶段，还需要更多的临床研究来验证其实际治疗效果。

目前利用肠道菌群治疗NAFLD是一个新兴领域，尚存在以下几方面的问题。

① 目前尚无统一的治疗方案和指导原则，针对NAFLD的肠道菌群治疗仍处于研究阶段。

② 每个人的肠道菌群组成都是独特的，因此对同一种治疗方法的反应可能会有不同。

③ 目前对于肠道菌群治疗的长期安全性还缺乏足够的数据。

④ 对于肠道菌群治疗的长期效果和持续性效果还了解不足。需要进一步开展长期随访研究，以评估治疗持续性和长期的疗效。

尽管利用肠道菌群治疗NAFLD仍处于研究阶段，但它具有广阔的应用前景。

（1）制订个性化治疗方案

肠道菌群的组成因人而异，因此利用肠道菌群治疗NAFLD可能为制订个性化治疗方案提供新的途径。通过了解患者的肠道菌群组成，可以针对性地选择适合的治疗方法，提高治疗效果。

（2）辅助现有治疗

对于NAFLD的现有治疗方法有饮食调整和运动等，肠道菌群可能将作为辅助治疗的一个重要组成部分。通过改善肠道菌群的平衡，有望提高现有治疗的效果，加快病情恢复。

（3）预防复发

通过调节肠道菌群，可能有助于预防NAFLD的复发，维持肝脏健康。

（4）寻找新的治疗靶点

肠道菌群的改变不仅与NAFLD相关，还与炎症、免疫系统和代谢紊乱等疾病有关。因此，通过深入研究肠道菌群在NAFLD发病机制中的作用，可能为寻找新的治疗靶点提供新的思路和方向。

6.2.5.2 肠道菌群与酒精性脂肪肝

肠道菌群与酒精性脂肪肝之间存在着密切的关系。AFLD是长期超量饮酒导致的肝脏内脂肪堆积形成的疾病。下面是肠道菌群与AFLD之间的几种可能的关系。

（1）转化和代谢酒精

肠道菌群可能在酒精的转化和代谢中发挥作用。一些酒精分解酶基因位于肠道菌群中，这些肠道菌群能够将酒精转化为醛和酸来影响酒精的代谢。肠道菌群失调可能导致酒精的代谢产物堆积，进而增加对肝脏的损害。

（2）毒性代谢产物的形成

酒精代谢过程中产生的代谢产物（如醛和酸）具有毒性。一些肠道菌群可以影响这些毒性代谢产物的形成和清除速度。失衡的肠道菌群可能导致代谢产物积累，进一步加剧肝脏损伤。

（3）炎症和免疫反应

肠道菌群的失调可能导致肠道屏障功能受损，刺激肠道内的细菌和其代谢产物进入血液，引起炎症反应。炎症反应通过细胞因子和激素等途径影响肝脏，进一步加剧AFLD的发展。

利用肠道菌群治疗AFLD的主要策略是通过调整饮食习惯、补充益生菌、进行菌群移植以及调节肠道菌群代谢产物来改善疾病症状。AFLD最有效的治疗策略是戒酒。酒精对肠道菌群有直接影响，而且会加剧肝脏损伤。

戒酒可以阻止进一步的肝脏损害，并有助于恢复肠道菌群的平衡。避免高脂、高糖的饮食可以帮助改善AFLD。低脂肪、低糖和低盐的饮食，增加膳食纤维的摄入，可以促进有益菌群的生长。此外，适量补充益生菌可以改善肝脏炎症和减轻脂肪堆积。一项针对小鼠的研究表明，使用乳酸杆菌可以减轻AFLD的病理损伤。这些乳酸杆菌可以通过抑制肠道中酒精代谢产物的生成和吸收，减少酒精对肝脏的损害。肠道菌群移植是一种比较新颖的治疗方法，在治疗AFLD方面展示出一定潜力。肠道菌群通过代谢产物的生成（如SCFAs）影响人体功能，SCFAs具有抗炎和抗氧化的作用，可以降低肝脏的炎症反应和脂肪积累。因此，通过增加肠道中产生SCFAs的菌群，可以改善AFLD的症状。未来的研究可以进一步探索不同类型的益生菌和肠道菌群代谢产物对AFLD的治疗效果，并开发相应的治疗方法和药物。

利用肠道菌群治疗AFLD的应用前景是非常好的。

① 治疗AFLD的方法可以根据个体的菌群组成和特征进行个性化的调节，提高治疗的针对性和有效性。

② 肠道菌群的调节可以与其他治疗方法，如药物治疗、饮食调整和运动等结合使用，可以更全面地改善疾病的发展，提高治疗效果。

③ 进一步加强肠道菌群移植在AFLD中的应用，包括移植前的肠道菌群筛选和肠道菌群移植后的效果评估，将有助于更好地利用该方法治疗AFLD。

④ 肠道菌群代谢产物对AFLD的影响已经有了初步了解，通过深入研究肠道菌群代谢产物的作用机制和相互关系，可以开发出具有更好效果和更低副作用的药物。

尽管利用肠道菌群治疗酒精性脂肪肝的前景广阔，但目前还存在一些问题。AFLD是一种长期发展的疾病，治疗效果需要通过长期的随访和评估来确定。目前对于利用肠道菌群治疗AFLD的长期效果的研究还比较有限，需要更多的长期随访数据来支持治疗的有效性。此外，肠道菌群组成和功能的复杂性使得治疗AFLD仍然面临挑战。虽然目前研究显示肠道菌群调节对治疗AFLD可能具有一定效果，但其安全性和副作用仍然需要更多的研究。因此，在利用肠道菌群治疗AFLD时需要注意权衡治疗效果与安全性之间的利弊。

6.2.5.3 肠道菌群与肝硬化

肠道菌群与肝硬化之间有着密切的关系。肠道菌群的失衡可能导致肝损伤和炎症反应，从而促进肝硬化的发展。而肝硬化的发展也会对肠道菌群产生影响，进一步加剧肠道菌群失衡。研究表明，肠道菌群的改变可能与肝硬化的发展、肝功能衰竭等密切相关。肠道菌群的失调可能导致细菌转移到肝脏，产生毒素和代谢产物，进一步加剧肝衰竭的程度。此外，肠道菌群也能通过调节免疫功能、肠道屏障功能和肠道内毒素的清除等作用，影响肝硬化的发展。正常的肠道菌群可以维持肠道屏障的完整性，抑制致病菌的生长，降低炎症反应，减轻肝硬化的程度。

肝硬化是肝脏慢性疾病的最终阶段，其特征是肝脏组织的纤维化和结构异常。肠道菌群与肝硬化的发生和发展密切相关，因此利用调节肠道菌群的方法来治疗肝硬化也是一个有前景的研究领域。利用肠道菌群治疗肝硬化的主要策略包括调节菌群结构、抗氧化治疗、控制炎症和纤维化、促进修复等方面。以下是利用肠道菌群治疗肝硬化的主要策略。

（1）益生菌和益生元的补充

摄入益生菌和益生元有助于维持肠道菌群的平衡，促进有益细菌的生长的同时降低有害细菌数量，有助于改善肝硬化患者的肠道微生态环境，从而可能降低肝硬化患者的肠道菌群异常，减轻肝脏对毒素的负担，减少肝脏炎症反应，减轻肝硬化患者的症状。一项研究证实，在肝硬化患者中使用一种特定的益生菌制剂，可以减轻肝硬化引起的炎症和纤维化，改善肝功能指标，并且减少腹泻和腹胀等不良症状。在治疗肝硬化过程中，益生菌的补充应作为辅助治疗手段，而非替代传统治疗措施。

（2）饮食调整

采用富含膳食纤维、抗氧化物质和低盐低脂肪的健康饮食有助于减轻肝脏负担，改善肝硬化症状，从而减轻肝硬化的病理损害。

（3）控制肝炎病毒感染

对于因肝炎病毒导致的肝硬化，应积极控制肝炎病毒感染，避免病毒复制，减轻肝脏损伤。

（4）抗氧化治疗

采用具有抗氧化作用的药物或食物，有助于降低自由基损伤，减轻肝硬化所带来的氧化应激反应。

（5）减少细菌移位

调节肠道菌群有助于减少细菌移位现象，防止肠道细菌或内毒素进入血液循环，减轻肝脏的负担。

（6）控制炎症和纤维化

适当控制炎症反应，抑制纤维化过程，有助于减缓肝硬化的发展，改善症状。

（7）促进修复

通过调节肠道菌群，促进肠道黏膜屏障的修复和再生，减轻肝脏受损程度，有助于肝硬化患者的恢复。

（8）肠道微生物移植

粪菌移植治疗肝硬化是一种新兴的治疗方法。目前已有相关研究证实，肠道菌群移植可以减轻肝硬化患者的脾功能亢进、肠道菌群失调等症状。

（9）调节菌群代谢产物

肠道菌群代谢产物对肝硬化的发展有着重要的影响。通过调节肠道菌群代谢产物的产生，如短链脂肪酸、胆汁酸等，可以影响肝脏炎症、纤维化和免疫反应，改善肝硬化的治疗效果。

（10）减少肝硬化并发症

一些研究表明，调节肠道菌群可以减少肝硬化患者的肝性脑病发作。肝性脑病是肝硬化的重要并发症之一，其特点是神经系统功能异常，包括认知障碍、意识改变、行为异常等。肠道菌群中的某些菌株可以产生氨，而肝硬化患者的肝脏由于功能受损而无法有效清除氨，导致氨积聚，进一步影响神经系统功能。通过调节肠道菌群，特别是减少产氨菌株的数量，可以减轻肝性脑病的发作频率和严重程度。除了上述应用外，肠道菌群在肝硬化治疗中的应用还有其他可能性。

近年来，随着肠道菌群研究的深入，越来越多的证据表明调节肠道菌群可以对肝硬化的治疗和预防具有潜在的应用前景。

① 利用肠道菌群调节可以改善肝硬化患者的症状和并发症。如前所述，通过使用益生菌调节肠道菌群可以减轻肝硬化症状和并发症，改善肝功能指标，并减少腹泻和腹胀等不良症状，为肝硬化患者提供了一种新的治疗途径。

② 通过调节肠道菌群还可以预防肝硬化。肠道菌群紊乱可能导致肠道屏障功能受损，从而导致肝脏受到胆汁酸、细菌和其代谢产物的过度刺激，引发肝炎和肝纤维化等病理过程。研究发现，一些特定的菌群可以帮助维护肠道屏障功能，预防炎症和纤维化的发生。因此，通过调节肠道菌群可以预防肝硬化的发展，降低患者的病情严重程度。

③ 肠道菌群调节还可能对肝硬化并发症的治疗提供新的思路。例如，通过减少产氨菌株的数量可以减轻肝性脑病的发作。肝硬化患者还容易出现腹水、肿瘤以及免疫功能低下等并发症，这些并发症的发生和发展可能与肠道菌群的失调有关。因此，通过调节肠道菌群可以有效改善肝硬化相关的并发症。

尽管利用肠道菌群治疗肝硬化具有潜力，但目前仍存在一些问题和挑战。

① 肠道菌群与肝硬化之间的关系仍不完全清楚。虽然有研究表明肠道菌群的失衡可能与肝硬化的发生和发展有关，但具体的机制尚未完全阐明。我们仍需要进一步深入研究来解析菌群与肝硬化之间的相互作用机制，以更好地指导治疗策略的设计。

② 调节肠道菌群治疗肝硬化的有效性和安全性仍需要经过更多临床试验的验证。

③ 选择合适的益生菌菌株和剂量也是一个挑战。肠道菌群是一个极为复杂的系统，不同的个体可能对菌株和剂量的反应存在差异，需要进一步研究个体化的治疗方案，以找到最适合患者的肠道菌群调节方法。

④ 肠道菌群调节治疗在肝硬化患者中的广泛应用还需要考虑成本和效益。尽管一些研究表明肠道菌群调节可以改善肝硬化患者的症状和并发症，但相关治疗的成本和效益评估还不完善。我们需要进一步研究，以确定是否有经济有效的肠道菌群调节治疗策略可供选择。

⑤ 临床研究的开展还需要进行大规模、多中心的随机对照试验，以验证肠道菌群调节在肝硬化治疗中的疗效和安全性。

总体来说，利用肠道菌群治疗肝硬化有很好的应用前景。随着相关研究的进一步深入，相信肠道菌群调节将成为肝硬化治疗领域的一个重要策略。

6.3 肠道菌群与神经类疾病

肠道菌群可以通过与中枢神经系统的互动影响神经功能，并参与神经类疾病的发生和发展。因此，肠道菌群与神经类疾病之间存在密切关系，具体表现在以下几方面。

（1）精神障碍

肠道菌群在情绪调节方面起着重要作用。抑郁症、焦虑症等精神障碍患者的肠道菌群与健康人群相比存在显著差异。菌群失调可能与神经递质的异常释放和炎症反应的增加有关，从而影响了大脑中与情绪和认知相关的途径。

（2）帕金森病

研究发现，在帕金森病患者中存在肠道菌群的异常。这些异常可能与肠道炎症、神经炎性损伤以及α-突触核蛋白的异常聚集等有关，导致了帕金森病的病理过程。

（3）脑血管病

肠道菌群也参与了脑血管疾病的发生和发展。研究发现，肠道菌群失调可能影响血脂代谢、炎症反应和血栓形成等，从而增加了认知功能障碍的风险。

（4）孤独症谱系障碍

如孤独症。

6.3.1　肠道菌群与精神障碍

近年来，研究人员发现肠道菌群与精神障碍密切关联。首先，肠道菌群通过产生和调节各种神经递质的合成和代谢来影响大脑的功能。神经递质是在神经系统中传递信号的分子，如多巴胺、谷氨酸、丙氨酸等。这些神经递质的不平衡与精神障碍的发生有密切关系。肠道菌群可以影响神经递质的合成和释放，从而影响大脑的正常功能。研究还发现，某些有益菌的存在可以促进血清素的合成，血清素是一种对情绪稳定起重要作用的神经递质。其次，肠道菌群与免疫系统之间存在密切的相互作用。肠道菌群能够影响免疫系统的状态，而免疫系统的异常活动与多种精神障碍有关。肠道菌群的失调可能导致免疫系统的过度激活或抑制，进而引发或加重精神障碍。因此，通过调节肠道菌群可能有助于改善精神障碍的状况。已有研究证实，通过改变饮食结构，增加益生菌的摄入可以改善焦虑和抑郁等精神障碍的症状。例如，通过改变肠道菌群组成，膳食干预和益生菌的补充，可以显著改善患者的抑郁症状。此外，利用粪菌移植治疗抑郁症患者，也能够获得一定的疗效。因此，研究和探索肠道菌群调节策略，有望为精神障碍的治疗提供新思路和新线索。目前，虽然肠道菌群与精神障碍之间的关系已经得到一定程度的确认，但是肠道菌群治疗精神障碍仍处于研究阶段。肠道菌群治疗精神障碍仍需要更多的临床试验和深入研究来验证其安全性和有效性。

利用肠道菌群治疗精神障碍的主要策略包括以下几个方面。

（1）膳食调节

改变饮食结构和摄入特定的食物可以对肠道菌群产生影响。例如，增加膳食纤维的摄入可以促进益生菌的生长，减少高糖和高脂肪饮食，可能有助于改善精神障碍的症状。

（2）益生菌的摄入

通过口服益生菌的方式，可以增加肠道内有益菌的数量和种类，从而改善肠道菌群的平衡，缓解精神障碍的症状，如抑郁和焦虑。

（3）粪菌移植

尽管粪菌移植技术主要用于治疗肠道感染和胃肠道疾病，但其在精神障碍治疗中的应用已经有一定探索。目前已有研究证实，通过粪菌移植可以改善患者的精神状态和认知功能。此外，由于肠道菌群的复杂性和个体差异，定制化的治疗方案可能是更可行和有效的选择。

利用肠道菌群治疗精神障碍具有广阔的应用前景，包括以下几方面。

（1）发现新的治疗目标

肠道菌群作为人体内重要的微生物群落，与精神障碍存在相关性的研究成果表明，通过调节肠道菌群，可能会影响神经递质合成和免疫系统调节等机制，从而改善精神障碍的症状。

（2）个体化治疗

通过对个体肠道菌群进行评估和分析，可以制定针对性的治疗方案，提高治疗的个体化程度和疗效。

（3）综合治疗策略

肠道菌群治疗可以作为精神障碍治疗的综合策略之一，与传统药物治疗和心理疗法等结合使用。通过综合治疗策略，可以发挥各种治疗方法的优势，提高治疗效果。

（4）替代传统治疗方法

对于一些患者来说，传统的药物治疗可能存在一些副作用和限制。肠道菌群治疗作为一种替代方法，可能为这些患者提供更加安全有效的选择。大规模的临床试验以及深入的机制研究将有助于我们更全面地了解肠道菌群治疗在精神障碍领域中的潜力。

6.3.2 肠道菌群与帕金森病

帕金森病是一种慢性神经系统疾病，其特征是与运动控制有关的神经细胞退化和死亡。这种疾病通常起初表现为手部颤抖、肌肉僵硬和运动缓慢。由于运动神经元的退化，患者可能经历行走困难、平衡失调以及姿势不稳。帕金森病通常在中年或老年人中发病，尽管也有早发型帕金森病，即在年轻成人中发病。目前，帕金森病的确切原因尚不完全清楚，但一些研究表明，遗传因素、某些环境因素以及神经化学失衡可能与其发病有关。目前，尚无治愈帕金森病的方法。然而，医生通常使用药物来帮助减轻症状，这些药物包括增加多巴胺水平的药物以补充运动神经元中的神经递质不足。除了药物治疗外，帕金森病患者还可以从物理治疗、言语治疗和职业治疗中获益。这些治疗可以帮助患者维持肌肉灵活性、促进日常活动的独立性以及改善语言能力和沟通能力。随着科技的进步，一些新的治疗方法也正在研究中，如深部脑刺激和细胞治疗。这些方法或许可以在未来为帕金森病患者提供更好的治疗。帕金森病的研究和治疗仍在不断进行，可以期待在未来找到更有效的治疗方案。

肠道菌群与帕金森病之间存在一定的关联。

（1）肠道菌群的异常

一些研究发现，帕金森病患者的肠道菌群与健康人群存在差异，包括菌群种类和数量的变化。帕金森病患者肠道菌群的失调可能与疾病的发展和症状的严重程度相关。

（2）神经递质的影响

肠道菌群可以影响中枢神经系统的功能，其中包括各种神经递质的合成和代谢。某些帕金森病患者肠道菌群中的微生物可能产生有害物质。

目前，研究人员对于利用肠道菌群治疗帕金森病的潜力进行了一些初步的实验和研究。胃肠道功能障碍是帕金森病的非运动特征之一。梭状芽孢杆菌（*clostridium sporogenes*）是人体肠道中生物活性代谢产物的关键贡献者。梭状芽孢杆菌脱氨化左多巴会导致左多巴在肠道内失效，左多巴脱氨化产物——3-(3,4-二羟苯基)丙酸，在离体模型中对回盲部肠道的运动产生抑制作用。Van Kessel等在服用左多巴的帕金森病患者的粪便样本中检测到了3-(3,4-二羟苯基)丙酸，并发现这种代谢物在这些粪样中主要由肠道菌群主动产生。该研究强调了肠道菌群代谢途径的重要性，这些途径参与药物代谢，不仅有助于保持药物的有效性。上述研究为利用肠道菌群治疗帕金森病提供了一种新途径，也为今后进一步开展相关研究提供了启示。

利用肠道菌群治疗帕金森病的主要策略包括以下几个方面。

① 高纤维饮食、富含抗氧化剂和抗炎食物的饮食模式可能有助于促进有益菌群的生长和维持肠道健康。因此，饮食的调整可以改善帕金森病患者的肠道菌群，并减轻症状。

② 通过补充益生菌和益生元，可以调整肠道菌群的组成和功能，从而改善帕金森病患者的症状。

③ 脑-肠轴调节。脑-肠轴是指大脑和肠道之间的相互作用机制。肠道菌群与神经系统之间存在着复杂的相互关系。通过调节脑-肠轴，可以影响神经递质的合成和释放，进而影响帕金森病的症状。

利用肠道菌群治疗帕金森病的应用前景非常引人瞩目。尽管目前仍处于早期阶段，但已有一些研究结果表明肠道菌群调节对改善帕金森病症状可能产生积极影响。

（1）简便易行的治疗方法

相较于药物治疗或手术干预，利用肠道菌群治疗帕金森病可能是一种简便易行的选择。患者通过补充益生菌和益生元，可促进有益菌群的生长，并改善肠道环境，缓解帕金森症状。

（2）个体化治疗策略

利用肠道菌群进行治疗可以实现个体化治疗策略，通过深入研究可以确定患者特定的菌株组成和功能，从而针对性地治疗帕金森病。

（3）辅助和综合治疗的潜力

肠道菌群调节可能成为综合治疗帕金森病的一部分，与传统的药物治疗和物理治疗结合，为患者提供更加综合和个性化的治疗方案。

（4）可逆性和预防潜力

与药物治疗不同，肠道菌群调节可能只有可逆性。肠道菌群调节可能有助于预防帕金森病的发展，提供一种早期干预的选择。

6.3.3 肠道菌群与脑血管病

肠道菌群与脑血管病之间存在着一定的关联。脑血管病是指包括脑梗死和脑出血在内的一系列脑血管疾病，其发生与大脑供血异常有关。近年来的研究表明，肠道菌群的紊乱可能与脑血管病的发生和发展有关。

① 某些异常的肠道菌群可以触发肠道炎症反应，从而释放出促炎症因子和细菌代谢产物，进入血液循环并影响血液凝固、血管内皮功能和血管壁稳定性。这些改变可能增加脑血管病患者发生脑梗死和脑出血的风险。

② 肠道菌群可以产生多种代谢产物，这些代谢产物可能通过影响炎症、血液凝块形成、血管通透性和动脉硬化等多个机制来影响脑血管病的发展。

③ 肠道菌群通过与中枢神经系统的交流通路，如脑-肠轴，可以影响脑血管病的发生和发展。肠道菌群代谢产物可以调节中枢神经系统神经递质的产生和释放，从而影响脑血管病患者的病情。

肠道菌群治疗脑血管病是一种新兴的治疗方法，它通过调整肠道中的微生物组成来改善脑血管病的症状。在一项临床试验中，研究人员将脑血管病患者随机分为两组，一组接受肠道菌群移植治疗，另一组接受安慰剂治疗。结果显示，接受肠道菌群移植治疗的患者在认知功能、炎症水平和脑血流等方面有显著改善，而安慰剂组的改善效果不明显。在一项动物实验研究发现，将健康小鼠的肠道菌群移植给脑血管病模型小鼠后，后者的认知功能和血管功能均得到改善，表明肠道菌群中的某些有益菌种可以产生对脑血管病有益的代谢产物，从而改善病情。在另一项研究中，定制化的肠道菌群移植治疗方案比通用方案更有效。研究人员通过检测患者的肠道菌群组成，确定了个体化的最适合的菌群组合，并进行移植治疗。结果显示，这种个体化的治疗方案能够更好地改善脑血管病的症状。通过对动脉粥样硬化患者的肠道菌群进行分析，并与健康人群进行对比，发现动脉粥样硬化患者的肠道菌群与健康人群存在明显的差异。具体来说，这些患者的肠道菌群多样性较低，同时富含一些致病菌和炎症相关菌株。研究人员给患者提供特定的益生菌和益生元，通过改善肠道菌群组成来改善患者的动脉粥样硬化病情，结果发现，部分患者在接受肠道菌群治疗后病情得到了明显的缓解。如血液中的炎症标志物减少、心脑血管功能改善以及动脉壁的粥样堆积减少。上述结果均揭示肠道菌群治疗可能对动脉粥样硬化的治疗具有潜在的积极作用。然而，需要明确的是，肠道菌群治疗仅仅是动脉粥样硬化治疗的一个方面，综合治疗仍然需要药物治疗、饮食控制、体育锻炼和生活习惯的改变等多个方面。

调节肠道菌群治疗脑血管病的主要策略包括肠道菌群移植、益生菌补充、饮食调整等。调节肠道菌群治疗脑血管病还有待深入研究来确定最佳的治疗方案和剂量。同时，与其他治疗方法相比，调节肠道菌群治疗脑血管病是一个新兴领域，仍需长期深入研究来解决上述问题，并确保其安全性和有效性。同时，与传统的治疗方法相比，调节肠道菌群治疗仍然具有挑战，需要更多的科学证据来支持其在临床中的广泛应用。

调节肠道菌群治疗脑血管疾病具有潜力和广阔的应用前景。

① 脑-肠轴。通过调整肠道菌群的组成和功能，有望改善脑血管疾病的症状并预防其发展。

② 肠道菌群失衡与脑血管疾病的风险增加相关。通过在早期阶段干预调整肠道菌群，可能有助于预防脑血管疾病的发生和发展。例如，在高风险人群中进行肠道菌群监测，并采取合适的干预措施，可能有助于降低发生疾病的风险。

③ 个体化治疗。通过分析患者的肠道菌群组成，可以为其制定个性化的治疗方案，以达到最佳的治疗效果。

④ 通过联合使用药物、饮食调整等治疗方法，与调节肠道菌群治疗相互配合，可能有助于提高脑血管疾病疗效和长期效果。

⑤ 新药开发。肠道菌群与脑血管疾病之间的关联为开发新药物提供了新的方向。通过深入研究肠道菌群与脑血管疾病之间的相互作用机制，可以挖掘新的治疗靶点，并开发针对肠道菌群的治疗药物。

6.3.4 肠道菌群与孤独症谱系障碍

孤独症谱系障碍（ASD）是一种神经发育障碍，对社交互动、语言和行为产生了广泛的影响。近年来，肠道菌群治疗作为一种新兴的治疗方法逐渐受到关注。科学家们对肠道菌群与ASD之间的关系进行了广泛的探索。研究发现，ASD患者的肠道菌群与典型发育儿童存在差异，包括肠道菌群组成的不同、丰度的变化以及肠道菌群多样性降低。具体而言，某些有益菌的水平如双歧杆菌和梭状芽孢杆菌可能降低，而一些有害菌（如革兰氏阳性菌）的水平可能增加。因此，科学家们开始尝试通过益生菌的摄入来改变ASD儿童患者的肠道菌群，并观察到ASD儿童患者的行为和消化系统的改善。此外，一些研究还发现肠道菌群的失衡与ASD的症状和严重程度有关。例如，肠道菌群的改变与肠道炎症、免疫系统异常和行为障碍等ASD症状有关。虽然存在这些关联，但我们仍然需要更深入的研究来确定肠道菌群与ASD之间的因果关系和具体机制。尚不清楚这些观察结果是ASD引起的肠道菌群改变，还是肠道菌群改变导致了ASD的发生。此外，还发现ASD患者的菌群改变可能受到遗传、环境和生活方式等因素的影响。一项针对ASD儿童的临床试验研究了肠道菌群治疗的效果。在试验中，研究人员将ASD儿童分为两组，一组接受益生菌和益生元的治疗，另一组接受安慰剂治疗。结果显示，接受益生菌和益生元治疗的ASD儿童在社交互动和语言表达方面有所改善。另一项研究通过将健康人的肠道菌群移植到ASD患者来治疗该疾病。研究人员选择了健康兄弟姐妹的菌群，并将其移植到ASD患者的肠道中。结果显示，移植后的ASD患者在社交互动、语言等方面孤独症症状有所改善。已有研究表明，特定的益生菌菌株对改善ASD症状可能具有积极的作用。

肠道菌群治疗孤独症谱系障碍的主要策略包括以下几个方面。

① 通过补充益生菌和益生元，促进肠道菌群的平衡和多样性，维持肠道菌群的健康状态，调节免疫系统功能，减少肠道炎症反应，改善ASD患者的症状。

② 限制高糖、高脂肪和加工食品的摄入，增加蔬果、纤维和Omega-3脂肪酸的摄入，有助于改善肠道菌群的结构和功能，减少ASD患者的症状。

③ 炎症的控制。肠道炎症反应与ASD密切相关。减少炎症因子的产生和降低肠道黏膜的通透性，可以改善肠道菌群的失衡情况。使用抗炎药物或针对炎症的其他治疗方法，可以帮助缓解ASD患者的症状。

④ 每个ASD患者的肠道菌群组成和功能都可能存在差异，因此治疗应该根据个体情况进行个体化设计。通过分析肠道菌群的组成和功能，可以选择更具针对性的治疗策略，有效改善ASD患者的症状。

肠道菌群治疗孤独症谱系障碍可能具有广阔的应用前景。尽管目前尚存在一些挑战，但以下几个方面显示了其应用的潜力。

① 目前对肠道菌群与ASD之间的关系已经有了一些认识，但仍需要进一步的研究来揭示肠道菌群在ASD中的具体作用和病理机制。随着研究的深入，我们可能会找到肠道菌群与ASD之间更为明确和具体的联系。

② ASD是一种多样性和个体差异较大的疾病。肠道菌群治疗可以根据每个患者的特定情况进行个体化的治疗策略设计，以最大限度地提高治疗效果。

③ 肠道菌群治疗可以作为综合治疗方案的一部分，与其他治疗方法如行为疗法、认知疗法、药物治疗等相结合。这种综合治疗的方法可能具有更广泛和持久的效果，能够更有效地减轻ASD患者的症状。

④ 开发创新的治疗方法。肠道菌群治疗的方法和产品还有很大的创新空间，未来可能会出现更多针对特定菌群的调节剂或药物，以及人工合成菌群的应用，从而实现更具针对性和个体化的治疗。

总体而言，肠道菌群治疗ASD的应用前景十分广阔。通过不断的研究和探索，我们有望进一步了解该治疗方法的有效性和安全性，为ASD患者提供更好的治疗选择。

综上，近年来的研究表明，肠道菌群与人体的健康密切相关，并且在代谢类疾病、消化类疾病和神经类疾病的治疗中展现出了巨大的应用前景。在代谢类疾病方面，肠道菌群与肥胖、糖尿病等代谢异常密切相关。研究发现，不同肠道菌群的组成与人体代谢有关，某些菌群的失调可能导致能量代谢紊乱、慢性炎症等情况的发生。通过调整肠道菌群的结构和功能，有助于改善代谢类疾病的治疗效果。在消化类疾病方面，肠道菌群也起到了重要的作用。此外，肠道菌群还参与食物消化与吸收过程，对维持肠道屏障功能和促进肠道健康也具有重要作用。在神经类疾病方面，近期的研究表明，肠道菌群与多种神经系统疾病，如孤独症、抑郁症、帕金森病等存在一定关联。研究发现，肠道菌群的紊乱可以通过神经递质和免疫系统的改变来影响脑功能，从而与这些疾病的发生和发展密切相关。因此，通过调整肠道菌群的平衡，有望为神经类疾病的治疗提供新的策略和方法。尽管目前肠道菌群在代谢类疾病、消化类疾病和神经类疾病的治疗中的应用还处于初级阶段，但研究显示这一领域具有巨大的潜力。未来的研究将进一步深入了解肠道菌群与各类疾病之间的关系，提供更精准的干预策略，为人类健康带来更多的福祉。

参考文献

[1] Qin J, Li R, Raes J, et al. A human gut microbial gene catalogue established by metagenomic sequencing[J]. Nature, 2010, 464(7285): 59-65.

[2] Turnbaugh P J, Ley R E, Mahowald M A, et al. An obesity-associated gut microbiome with increased capacity for energy harvest[J]. Nature, 2006, 444(7122): 1027-1031.

[3] Zhang X, et al. Human gut microbiota changes reveal the progression of glucose intolerance[J]. PLoS One, 2013, 8(8):e71108.

[4] Ridaura V K, et al. Gut microbiota from twins discordant for obesity modulate metabolism in mice[J]. Science, 2013, 341(6150):1241214.

[5] Cani P D. Gut microbiota and obesity: lessons from the microbiome[J]. Briefings in Functional Genomics, 2013, 12(4): 381-387.

[6] Suez J, Korem T, Zeevi D, et al. Artificial sweeteners induce glucose intolerance by altering the gut microbiota[J]. Nature, 2014, 514(7521): 181-186.

[7] Karlsson F H, et al. Gut metagenome in European women with normal, impaired and diabetic glucose control[J]. Nature, 2013, 498(7452):99-103.

[8] Zhang C, Li S, Yang L, et al. Structural modulation of gut microbiota in life-long calorie-restricted mice [J]. Nature Communications, 2013, 4(1): 2163.

[9] Vrieze A, van Nood E, Holleman F, et al. Transfer of intestinal microbiota from lean donors increases insulin sensitivity in individuals with metabolic syndrome[J]. Gastroenterology, 2012, 143(4): 913-916.

[10] Gordon J I. The gut microbiota as an environmental factor that regulates fat storage[J]. Proc Natl Acad Sci USA, 2004, 101: 1518-1523.

[11] Gradisteanu G P, Stoica R A, Petcu L, et al. Microbiota signatures in type-2 diabetic patients with chronic kidney disease-A Pilot Study [J]. Journal of Mind and Medical Sciences, 2019, 6(1): 130-136.

[12] Zeevi D, et al. Personalized nutrition by prediction of glycemic responses [J]. Cell, 2015, 163(5):1079-1094.

[13] Larsen N, Vogensen F K, van den Berg F W J, et al. Gut microbiota in human adults with type 2 diabetes differs from non-diabetic adults [J]. PloS One, 2010, 5(2): e9085.

[14] Karlsson C L, et al. Symptomatic atherosclerosis is associated with an altered gut metagenome [J]. Nat Commun, 2012, 3:1245.

[15] Biagi E, et al. Through ageing, and beyond: Gut microbiota and inflammatory status in seniors and centenarians [J]. PLoS One, 2010, 5(5):e10667.

[16] Shin N R, et al. An increase in the Akkermansia spp. population induced by metformin treatment improves glucose homeostasis in diet-induced obese mice [J]. Gut, 2014, 63(5):727-735.

[17] Karlsson F H, Fåk F, Nookaew I, et al. Symptomatic atherosclerosis is associated with an altered gut metagenome[J]. Nature Communications, 2012, 3(1): 1245.

[18] Le Chatelier E, Nielsen T, Qin J, et al. Richness of human gut microbiome correlates with metabolic markers[J]. Nature, 2013, 500(7464): 541-546.

[19] Kurakawa T, et al. Diversity of intestinal clostridium coccoides group in the Japanese population, as demonstrated by reverse transcription-quantitative PCR [J]. PLoS One, 2015, 10(6) : e0126226.

[20] Sun L, et al. Gut microbiota and intestinal FXR mediate the clinical benefits of metformin [J]. Nature Medicine, 2018, 24(12): 1919-1929.

[21] Dao M C, Everard A, Aron-Wisnewsky J, et al. Akkermansia muciniphila and improved metabolic health during a dietary intervention in obesity: Relationship with gut microbiome richness and ecology [J]. Gut, 2016, 65(3): 426-436.

[22] Haro C, Rangel-Zúñiga O A, Alcalá-Díaz J F, et al. Intestinal microbiota is influenced by gender and body mass index [J]. PloS One, 2016, 11(5): e0154090.

[23] Wang Z, et al. Gut flora metabolism of phosphatidylcholine promotes cardiovascular disease [J]. Nature, 2011, 472(7341):57-63.

[24] Pinart M, Dötsch A, Schlicht K, et al. Gut microbiome composition in obese and non-obese persons: A systematic review and meta-analysis[J]. Nutrients, 2021, 14(1): 12.

[25] Bervoets L, van Hoorenbeeck K, Kortleven I, et al. Differences in gut microbiota composition between obese and lean children: A cross-sectional study [J]. Gut Pathogens, 2013, 5: 1-10.

[26] Caesar R, Reigstad C S, Bäckhed H K, et al. Gut-derived lipopolysaccharide augments adipose macrophage accumulation but is not essential for impaired glucose or insulin tolerance in mice[J]. Gut, 2012, 61(12): 1701-1707.

[27] Ley R E, Bäckhed F, Turnbaugh P, et al. Obesity alters gut microbial ecology [J]. Proceedings of the National Academy of Sciences, 2005, 102(31): 11070-11075.

[28] Wong V W S, Tse C H, Lam T T Y, et al. Molecular characterization of the fecal microbiota in patients with nonalcoholic steatohepatitis-a longitudinal study [J]. PloS One, 2013, 8(4): e62885.

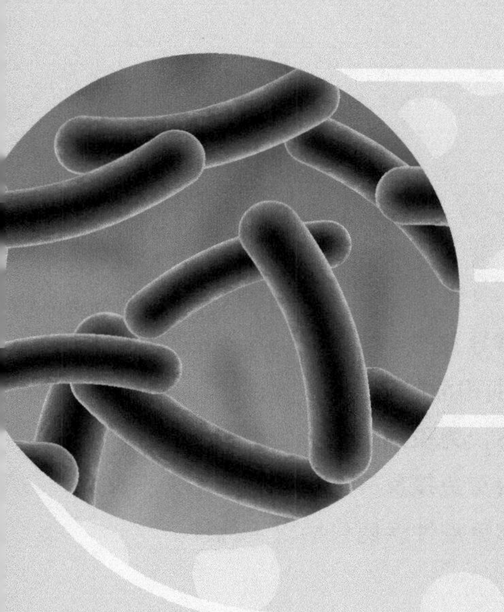

第7章 肠道菌群与人体免疫性疾病

7.1 肠道菌群与人体免疫性疾病的关系

人体免疫性疾病是指由于免疫系统异常导致的一类疾病。人体免疫系统是人体抵御病原体入侵的防御机制，能够识别和消除体内的外来物质，如细菌、病毒和其他有害物质。然而，在某些情况下，免疫系统可能会出现异常，导致免疫系统攻击身体自身组织和细胞，产生自身免疫反应。这类异常的免疫反应导致了各种免疫性疾病的发生。常见的人体免疫性疾病包括以下几种。

（1）自身免疫性疾病

包括类风湿性关节炎、系统性红斑狼疮、硬皮病等。疾病是由于免疫系统攻击身体的组织和器官，导致慢性炎症和损伤。

（2）过敏性疾病

如过敏性鼻炎、哮喘、食物过敏等。这类疾病是由于免疫系统对普通物质（如花粉、宠物皮屑、食物等）产生过度反应，导致过敏症状的发生。

（3）免疫缺陷性疾病

包括先天性免疫缺陷病、获得性免疫缺陷病等。这类疾病是由于免疫系统功能异常，无法有效抵抗细菌、病毒等有害物质，导致免疫功能低下。

免疫性疾病的体征和治疗方法因疾病类型不同而异。一些免疫性疾病可以通过药物治疗、免疫调节治疗或手术治疗来缓解症状或控制疾病发展。对于一些免疫功能低下的疾病，可能需要免疫替代疗法或造血干细胞移植等治疗方法。人体免疫性疾病对患者的健康状况有一定的影响，早期诊断、治疗和管理可以帮助患者控制病情。

肠道菌群与免疫性疾病之间存在密切的关系，主要表现为以下几个方面。

（1）免疫系统的发育

肠道菌群对免疫系统的正常发育起着重要的影响。早期的研究表明，肠道菌群的失调可能导致免疫系统的异常发育，增加患免疫性疾病的风险。例如，早期抗生素治疗可能破坏婴儿肠道微生物群落的平衡，增加婴儿患过敏性疾病的风险。

（2）免疫系统的调节

肠道菌群可以通过刺激免疫系统的发育和功能来调节免疫反应。适当的肠道菌群可以抑制免疫系统对自身组织的攻击，降低自身免疫性疾病的风险。相反，肠道菌群的异常可能导致免疫系统的过度激活，引发自身免疫性疾病。

（3）炎症反应的调节

肠道菌群通过调节肠道内的炎症反应来影响免疫系统。正常的肠道菌群可以维持肠道黏膜屏障的完整性，防止有害物质和致病菌的侵袭，从而减少慢性炎症的发生。

（4）免疫耐受

肠道菌群也参与免疫耐受的建立。它们通过诱导特定的免疫调节细胞，如调节性T细胞，促进机体对正常微生物群落的免疫耐受，抑制对自身组织和无害抗原的过度免疫反应。

（5）治疗策略

肠道菌群可作为治疗免疫性疾病的靶点。通过调节肠道菌群的组成和功能，可缓解疾病症状，改善患者的疾病预后。

综上所述，肠道菌群与免疫性疾病之间存在密切的相互作用。保持良好的肠道菌群平衡，通过饮食调节和适量地使用抗生素等措施，有助于预防免疫性疾病，同时有助于开发新的治疗策略和药物，以改善免疫性疾病的治疗效果。

7.2 肠道菌群与自身免疫性疾病

自身免疫性疾病是由免疫系统对身体自身正常组织产生异常免疫反应而引起的疾病。肠道菌群的失调与自身免疫性疾病的风险增加相关。一些研究表明，自身免疫性疾病患者的肠道菌群与健康人群相比存在差异。肠道菌群与免疫调节细胞的相互作用对自身免疫性疾病具有重要影响。肠道菌群可以通过与免疫调节细胞（如调节性T细胞）的相互作用来调节免疫反应。适当的菌群可以促进调节性T细胞的功能，从而抑制自身免疫反应的过度活化。肠道菌群对肠道黏膜屏障的维持与自身免疫性疾病密切相关。肠道菌群失调可能导致黏膜屏障破坏，从而导致自身抗原的暴露和自身免疫反应的发生。

下面是几种利用肠道菌群治疗自身免疫性疾病的主要策略。

（1）药物干预

通过使用抗生素等来调节肠道菌群的结构和功能，以改善免疫系统的异常反应。

（2）肠道菌群移植

这种方法已经在治疗一些自身免疫性疾病等方面取得了一定的成功。

（3）肠道环境调节

通过调整饮食结构和生活方式，提供适宜的环境给肠道菌群，以促进有益菌群的生长和繁殖。

（4）新药开发

研发针对肠道菌群的新型药物，通过干预肠道菌群的结构和功能来调节免疫系统的异常反应。

近年来，有一些利用肠道菌群治疗自身免疫性疾病的实例已经获得了初步的成功。

（1）IBD的治疗

IBD是一种同时具有自身免疫性和消化系统相关特征的疾病。一方面，作为自身免疫性疾病，IBD的发病机制涉及免疫系统错误地攻击肠道组织，导致炎症和损伤。另一方面，IBD也是消化系统相关的疾病，因为这些疾病主要影响消化系统，特别是肠道。因此治疗IBD时通常需要综合考虑免疫调节、抗炎和消化系统支持等多个方面。研究表明，肠道菌群的失调与IBD的发生和发展有关。因此，通过调节肠道菌群可以改善IBD病人的症状。

（2）自身免疫性糖尿病（T1DM）的治疗

自身免疫性糖尿病是一种胰岛素产生减少或完全失去的免疫介导性疾病。研究表明，肠道菌群的失衡和T1DM的发生和发展有关。研究发现，利用一种特定的益生菌，比如乳酸杆菌或嗜酸乳杆菌，进行肠道菌群干预，可以减少自身免疫的反应，从而改善胰岛素的产生。

（3）类风湿关节炎

在治疗类风湿关节炎等自身免疫性疾病的研究中，通过粪菌移植方式来改变患者的肠道菌群组成，影响免疫系统的调节，从而有效减轻疾病症状和促进康复。

（4）自身免疫性甲状腺疾病（AITD）

AITD包括Graves病和自身免疫性甲状腺炎，是由于对甲状腺抗原的自身抗体攻击导致的甲状腺功能亢进或减退。一些研究表明，调节肠道菌群可能对AITD患者有益。特定的益生菌和益生元的使用以及粪菌移植均可被用于改善AITD患者的免疫调节，从而减轻临床症状。

目前利用肠道菌群治疗自身免疫性疾病具有广阔的应用前景。

① 通过深入了解每个患者的肠道菌群组成和功能，可以为不同的个体提供特定的治疗方案，增加治疗自身免疫性疾病的准确性和有效性。

② 肠道菌群干预主要通过调整肠道微生物的生态系统来实现，不涉及一些常见的药物副作用，如药物不良反应或器官损害。

③ 肠道菌群干预可能具有更长期的疗效，有助于预防病情复发。

④ 肠道菌群干预也可以作为预防自身免疫性疾病的策略。通过促进有益菌群的生长和增加菌群的多样性，可能有助于预防某些自身免疫性疾病的发生。

7.3 肠道菌群与过敏性疾病

研究发现，肠道菌群的失衡与过敏性疾病的发生和发展密切相关。过敏性疾病包括过敏性鼻炎、过敏性皮炎、哮喘等，其特点是免疫系统对常见的过敏原产生异常反应。肠道菌群的失衡可能导致免疫系统的功能紊乱，使其被过度激活。一方面，某些细菌群落可以刺激免疫系统产生足够的调节性T细胞，以抑制过敏反应。另一方面，一些致病微生物或毒素可能导致免疫系统对过敏原产生异常反应，从而引发过敏性疾病。另外，肠道菌群也可以通过调节免疫系统的平衡来影响过敏性疾病的发生。例如，研究发现某些益生菌可以增加免疫系统中调节性T细胞的数量，从而抑制过敏反应。因此，维护肠道菌群的平衡对于预防和治疗过敏性疾病具有重要意义。

目前，利用肠道菌群治疗过敏性疾病的主要策略包括益生菌和益生元的使用、肠道菌群移植、膳食调节。

肠道菌群治疗过敏性疾病目前尚处于研究和探索阶段，并且对于不同的过敏性疾病治疗效果可能存在差异。因此，在考虑肠道菌群治疗时，要结合其他治疗手段，如药物治疗、免疫疗法等，以期达到最佳治疗效果。

目前，肠道菌群治疗过敏性疾病仍处于初步阶段，具体的治疗方案和剂量等还需要更多的临床研究来确定，应用实例也相对较少。

一个应用实例是关于过敏性皮炎（湿疹）的研究。湿疹是一种常见的过敏性疾病，特征是皮肤瘙痒、红斑等。一项针对婴儿湿疹的研究发现，通过给予婴儿益生菌制剂，可以改善湿疹的症状和减少发作次数。

另一个应用实例是关于过敏性鼻炎的研究。过敏性鼻炎是一种免疫系统对过敏原（如花粉、尘螨等）产生过度反应导致的鼻腔黏膜的炎症反应。研究发现，通过口服益生菌制剂，如嗜酸乳杆菌，可以减少过敏性鼻炎的症状，并减少过敏原特异性IgE抗体的合成。

肠道菌群治疗过敏性疾病仍然很有潜力，尽管需进一步研究和验证。以下是肠道菌群治疗过敏性疾病的应用前景。

① 随着对肠道菌群的深入研究，我们可能能够建立与过敏性疾病相关的特定肠道菌群模式。通过分析个体的肠道菌群组成，可以为每个患者提供个体化的治疗方案，以实现最佳治疗效果。

② 肠道菌群治疗过敏性疾病可以与其他传统治疗手段相结合，如使用抗过敏药物和免疫调节疗法。

③ 肠道菌群治疗可能有助于调节免疫系统的平衡并改善肠道屏障功能，从而实现长期疗效和预防过敏性疾病的复发。

④ 肠道菌群调节可通过调整饮食结构来促进肠道菌群的健康。

⑤ 早期干预。肠道菌群治疗在婴儿和儿童时期的应用前景也有很大的潜力。早期干预可能有助于调节免疫系统的发育，减少过敏性疾病的发生。

综上所述，肠道菌群调节作为一种新型的治疗方法，具有广阔的应用前景。进一步的研究将促进其在临床上的推广，为过敏性疾病的治疗和预防提供新的策略和方向。

7.4 肠道菌群与免疫缺陷性疾病

肠道菌群与免疫缺陷性疾病之间存在密切的关联。免疫缺陷性疾病指的是免疫系统功能异常或缺陷引起的疾病。肠道菌群的异常与免疫缺陷性疾病的发生和发展密切相关。肠道菌群与免疫系统之间的相互作用是双向的。一方面，免疫系统对于肠道菌群的组成和平衡具有调节作用。通过抑制有害菌的生长、促进有益菌的生长和维持肠道黏膜屏障功能，免疫系统可以维持肠道菌群的正常状态。另一方面，肠道菌群对免疫系统的发育和功能调节至关重要。它可以通过调节免疫细胞的分化和激活、调节免疫应答和免疫耐受等方式，影响免疫系统的功能。当肠道菌群出现异常或失衡时，可能会导致免疫系统的不适当激活或功能障碍，从而容易引发免疫缺陷性疾病的发生。例如，研究发现，免疫缺陷性疾病患者的肠道菌群组成与健康人存在明显差异。因此，通过调节肠道菌群，可能有助于预防和治疗免疫缺陷性疾病。

目前，利用肠道菌群治疗免疫缺陷性疾病的主要策略包括以下几个方面。

① 适当使用益生菌和益生元，可以调节肠道菌群的结构，增强免疫系统的功能。

② 目前，一些抗生素和免疫调节剂可以通过调节肠道菌群来增强免疫系统的功能。

③ 通过调整饮食习惯，增加膳食纤维和营养物质的摄入，可以提供益生元，促进有益菌的生长。此外，一些特定的饮食模式，如地中海饮食，被认为具有对肠道菌群有益的特点，有助于免疫系统的调节。

④ 个性化治疗。通过对个体的肠道菌群进行基因测序和代谢物分析等，可以评估其肠道菌群的组成和功能状态。根据评估结果，制订相应的治疗方案。虽然肠道菌群治疗免疫缺陷性疾病仍然在研究阶段，但一些应用实例已经展示了潜在的治疗效果。在免疫缺陷性疾病治疗中，粪菌移植可以显著改善慢性粒细胞白血病患者的感染情况和免疫功能。

利用肠道菌群治疗免疫缺陷性疾病已成为研究的热点之一。具体应用前景包括以下几个方面。

（1）肠道菌群转移疗法

通过将健康人的肠道菌群移植到患者体内，来恢复患者肠道菌群的平衡。这种方法在治疗一些肠道菌群紊乱的免疫缺陷性疾病中已取得了一些初步的临床效果。

（2）调节肠道菌群功能

通过调节肠道菌群的代谢产物、遗传物质或菌群组成，来影响免疫系统的功能。

（3）推动肠道菌群自身调节

研究表明，肠道菌群具有自我调节的能力，并能通过改变自身菌群的组成和代谢产物来影响免疫系统的功能。因此，研究肠道菌群的自我调节机制将有望为免疫缺陷性疾病的治疗提供新的思路和方向。

此外，免疫缺陷性疾病种类繁多，涉及的机制也各异，因此针对不同疾病的具体应用前景还需要更多的研究来完善。

参考文献

[1] Belkaid Y, Hand T W. Role of the microbiota in immunity and inflammation[J]. Cell, 2014, 157(1):121-141.

[2] Round J L, Mazmanian S K. The gut microbiota shapes intestinal immune responses during health and disease [J]. Nat Rev Immunol, 2009, 9(5):313-323.

[3] Chung H, et al. Gut immune maturation depends on colonization with a host-specific microbiota [J]. Cell, 2012, 149(7):1578-1593.

[4] Atarashi K, et al. Treg induction by a rationally selected mixture of Clostridia strains from the human microbiota [J]. Nature, 2013, 500(7461):232-236.

[5] Littman D R, Pamer E G. Role of the commensal microbiota in normal and pathogenic host immune responses [J]. Cell Host Microbe, 2011, 10(4):311-323.

[6] Round J L, et al. The toll-like receptor 2 pathway establishes colonization by a commensal of the human microbiota [J]. Science, 2011, 332(6032):974-977.

[7] Monir S M, Masanao S, Hirotaka Y, et al. Lactobacillus acidophilus strain L-92 Induces $CD4^+CD25^+Foxp3^+$ regulatory T cells and suppresses allergic contact dermatitis [J]. Biological & Pharmaceutical Bulletin, 2012, 35(4): 612-616.

[8] Mazmanian S K, et al. An immunomodulatory molecule of symbiotic bacteria directs maturation of the host immune system [J]. Cell, 2005, 122(1):107-118.

[9] Geuking M B, Köller Y, Rupp S, et al. The interplay between the gut microbiota and the immune system [J]. Gut Microbes, 2014, 5(3): 411-418.

[10] Ivanov I, et al. Induction of intestinal Th17 cells by segmented filamentous bacteria [J]. Cell, 2009, 139(3):485-498.

[11] Chow J, et al. Host-bacterial symbiosis in health and disease[J]. Adv Immunol, 2010, 107:243-274.

[12] Arrieta M C, Finlay B B. The commensal microbiota drives immune homeostasis[J]. Frontiers in Immunology, 2012, 3: 33.

[13] Elinav E, et al. NLRP6 inflammasome regulates colonic microbial ecology and risk for colitis[J]. Cell, 2011, 145(5):745-757.

[14] Gaboriau-Routhiau V, Rakotobe S, Lecuyer E, et al. The key role of segmented filamentous bacteria in the coordinated maturation of gut helper T cell responses[J]. Immunity, 2009, 31(4): 677-689.

[15] Druart C, Neyrinck A M, Dewulf E M, et al. Implication of fermentable carbohydrates targeting the gut microbiota on conjugated linoleic acid production in high-fat-fed mice [J]. British Journal

of Nutrition, 2013, 110(6): 998-1011.
[16] Atarashi K, Tanoue T, Shima T, et al. Induction of colonic regulatory T cells by indigenous Clostridium species [J]. Science, 2011, 331(6015): 337-341.
[17] Chu H, Mazmanian S K. Innate immune recognition of the microbiota promotes host-microbial symbiosis [J]. Nat Immunol, 2013,14(7):668-675.
[18] Sefik E, Geva-Zatorsky N, Oh S, et al. Individual intestinal symbionts induce a distinct population of RORγ+ regulatory T cells[J]. Science, 2015, 349(6251): 993-997.
[19] Olszak T, An D, Zeissig S, et al. Microbial exposure during early life has persistent effects on natural killer T cell function [J]. Science, 2012, 336(6080): 489-493.
[20] Kuhn R, et al. Interleukin-10-deficient mice develop chronic enterocolitis [J]. Cell, 1993, 75(2):263-274.
[21] Elinav E, et al. Inflammation-induced cancer: Crosstalk between tumours, immune cells and microorganisms [J]. Nat Rev Cancer, 2013,13(11):759-771.
[22] Rakoff-Nahoum S, et al. Recognition of commensal microflora by toll-like receptors is required for intestinal homeostasis [J]. Cell, 2004,118(2):229-241.
[23] Uronis J M, Mühlbauer M, Herfarth H H, et al. Modulation of the intestinal microbiota alters colitis-associated colorectal cancer susceptibility [J]. PloS One, 2009, 4(6): e6026.
[24] Arrieta M C, Stiemsma L T, Dimitriu P A, et al. Early infancy microbial and metabolic alterations affect risk of childhood asthma [J]. Science Translational Medicine, 2015, 7(307): 307ra152.
[25] Ochoa-Repáraz J, Mielcarz D W, Ditrio L E, et al. Central nervous system demyelinating disease protection by the human commensal Bacteroides fragilis depends on polysaccharide A expression [J]. The Journal of Immunology, 2010, 185(7): 4101-4108.
[26] Lee Y K, Mazmanian S K. Has the microbiota played a critical role in the evolution of the adaptive immune system? [J]. Science, 2010, 330(6012):1768-1773.
[27] Ohnmacht C, et al. Basophils orchestrate chronic allergic dermatitis and protective immunity against helminths [J]. Immunity, 2010, 33(3):364-374.
[28] Fischbach M A, Segre J A. Signaling in host-associated microbial communities [J]. Cell, 2016, 164(6):1288-1300.
[29] Sanz Y, et al. Gut microbiota and probiotics in modulation of epithelium and gut-associated lymphoid tissue function [J]. Int Rev Immunol, 2013, 32(5-6):397-413.
[30] Hill D A, Siracusa M C, Abt M C, et al. Commensal bacteria-derived signals regulate basophil hematopoiesis and allergic inflammation [J]. Nature Medicine, 2012, 18(4): 538-546.

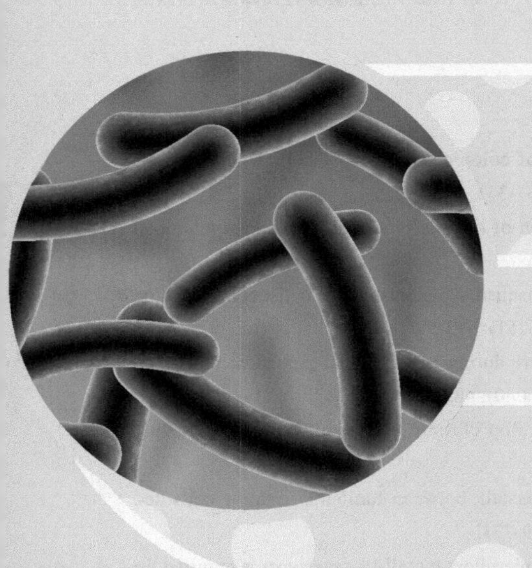

第8章 益生菌与人类健康

8.1
益生菌的基本内涵

8.1.1　益生菌的定义及主要作用

益生菌是指一类对人体有益的活性微生物，主要包括某些细菌和酵母菌。它们可以通过促进肠道微生态平衡、增强免疫系统功能、帮助消化和吸收营养物质等方式对人体健康产生积极影响。益生菌的作用主要有以下几个方面。

（1）维护肠道健康

益生菌可以帮助维持肠道内有益菌的平衡，防止有害菌的滋生。益生菌通过竞争营养物质和空间，抑制有害菌的生长，并产生有益物质来维持肠道健康。

（2）改善消化功能

益生菌可以促进食物的消化和营养物质的吸收。益生菌可以帮助分解食物中难以消化的纤维和碳水化合物，产生有益物质如酶和维生素，提高机体的消化功能。

（3）增强免疫系统功能

益生菌可以刺激和调节免疫系统的功能，增强机体对病原微生物的抵抗能力。益生菌可以促进免疫反应的正常进行，预防炎症和过敏反应的发生。

（4）保护心脑血管健康

一些益生菌具有调节血压、降低胆固醇、预防动脉粥样硬化等作用，有助于心脑血管健康。益生菌可以通过饮食摄入，如食用含有益生菌的发酵食品（如酸奶、发酵蔬菜）或通过益生菌制剂进行补充。但是每个人的肠道情况不同，对益生菌的反应也可能有所不同。因此益生菌的种类和剂量应根据个体的健康状况和具体需要来确定，以确保选用适合自身情况的益生菌制剂。

8.1.2　益生菌的主要分类

益生菌是一类有益于人体健康的微生物，根据其来源可以分为肠内益生菌和肠外益生菌两大类。肠内益生菌是指存在于个体肠道内的益生菌，是人体内固有的一部分微生物群落。乳酸杆菌（*lactobacillus*）是肠道中常见的肠内益生菌，可以产生乳酸和其他有益物质，帮助维持肠道酸碱平衡、抑制有害菌的生长，增强免疫功能，具有调节肠道菌群、促进食物消化吸收、维护肠道健康等功能。双歧杆菌（*bifidobacterium*）是另一类重要的肠内益生菌，能够增加益生菌群落数量、抑制有害菌的生长、调节免疫功能。拟杆菌（*bacteroides*）也是一类常见的肠内益生菌，通过能够分解和利用膳食纤维，产生有益的短链脂肪酸，调节肠道环境，促进肠道健康。巨大芽孢杆菌（*bacillus megaterium*）是一种产孢杆菌，具有耐受胃酸和胆盐的能力，有助于维持肠道菌群平衡。酵母菌（*saccharomyces*）是重要的真菌类肠内益生菌。酵母菌可以通过产生抗菌物质，调节免疫反应，维持肠道菌群的平衡。肠外益生菌是为维护肠道健康而经外部摄入或补充的有益微生物，通常制成益生菌制剂。例如，有些益生菌制剂可能会混合多种益生菌种，如双歧杆菌和乳酸杆菌等来发挥协同效应，提高整体益生菌效果。肠外益生菌通过调整肠道环境、促进消化、产生益生物质和调节免疫功能等方式，对维护肠道健康发挥着积极作用。

8.1.3 益生菌的基本特性

益生菌是指一类具有益处的活性微生物，其主要特性如下。

（1）生存能力强

益生菌能够抵抗胃酸、胆盐等，并在肠道内定植，有效地在肠道中发挥作用。胆盐是由肝脏分泌到小肠中帮助消化和吸收脂类的物质，益生菌具有一定的胆盐耐受性，可以在胆盐存在的环境中生存和发挥作用。

（2）黏附能力

益生菌具有与肠道上皮细胞黏附的能力，可以在肠道黏膜表面形成稳定的菌落，从而有利于其正常生长和活动。

（3）抗菌能力

益生菌具有较强的竞争生存能力，可通过占据肠道受损区域等方式，减少有害菌的存活和繁殖，有助于保持肠道健康。

（4）发酵能力

益生菌通过发酵作用产生的有机酸、抗菌物质和维生素等物质对肠道环境的调节和营养物质的吸收起到积极作用。

（5）免疫调节功能

益生菌可以调节和增强机体免疫系统的功能，促进免疫反应的平衡和对病原微生物的抵抗能力。益生菌的这些特性使其能够维护肠道微生态平衡、促进营养吸收和免疫功能，从而对人体健康具有积极的影响。

（6）菌株稳定性

益生菌的菌株应具有较高的稳定性和存活率，能够在生产过程中和存储中保持活性，确保在服用时发挥应有的效果。

（7）安全性

益生菌应当具有良好的安全性，不会产生副作用或引发过敏反应，适合广泛人群长期服用。

（8）益生性

益生菌具有益生性，即对人体健康有积极作用。它们可以帮助维持肠道菌群平衡，促进消化吸收，增强免疫功能等。

8.2 益生菌的分布规律

8.2.1 益生菌在肠道中的分布规律

益生菌通过食物或膳食补充物被人体摄入后经历了人体的整个消化道，从口腔、食管、胃到整个肠道。当食品进入口腔，消化过程随即开始。咀嚼过程加大了食品颗粒的表面积，令唾液和消化酶对其更敏感。食品颗粒越小，则越快并且越容易通过肠道。在胃内食品与含有消化酶和胃酸的胃液混合，我们称之为食糜。食糜经胃被泵至小肠，在这里它与更多的酶和胆汁混合，食品中的蛋白质、脂肪和碳水化合物也被完全降解。进食后4～6h内，大多数营养物质在小肠内被吸收。剩余的物质进入大肠和结肠，其中的水和电解质被吸收。经24～48h，累积的粪便等废物经直肠排出体外。

益生菌分布在肠道的不同部位，以利用特定的环境条件并提供特定的功能。益生菌在肠道的分布规律是复杂而多样的，不同的益生菌在肠道中的定居区域和数量可能存在差异。以下是一般情况下益生菌在肠道中的分布规律。

（1）小肠

小肠通常是有益菌的居住地之一，尤其是上段小肠。尽管小肠是消化和吸收营养物质的主要部位，但它的环境条件并不适合许多益生菌的生长和繁殖。小肠的胃酸和胰液分泌，以及快速的肠道蠕动，限制了益生菌在小肠内的存活和定居。尽管如此，一些益生菌仍然可以在小肠中存活和发挥作用，特别是在空肠部分。这里的环境条件相对较好，有利于部分益生菌在小肠中存活并发挥相应的功能。益生菌在小肠中的作用有调节免疫反应、促进营养吸收等。

（2）大肠

大肠是益生菌最为丰富的地方。大肠主要分为盲肠、升结肠、横结肠、降结肠和乙状结肠和直肠。这些区域提供了更多的环境条件和营养物质，以支持益生菌的生长和繁殖。尤其是盲肠和横结肠，是益生菌最密集的地方。

结肠是益生菌最为丰富的地方，尤其是右半结肠。这是因为右半结肠提供了更多的营养物质和环境条件，以支持益生菌的生长和繁殖。因此这些区域通常含有更多的益生菌，有助于维持肠道菌群的平衡。益生菌在结肠中的作用包括帮助消化、合成维生素、抑制有害细菌生长、调节免疫反应等，对于促进肠道健康具有重要意义。

益生菌也可以在盲肠和回肠中存在。这些区域通常是肠道的最后一段，具有不同的环境条件和功能。直肠是大肠的最后一段，也是益生菌的居住地之一。它具有不同的环境条件和功能，例如更高的酸度，这对某些益生菌的生长和繁殖很有利。

综上，益生菌在消化道中的分布规律是小肠中较少，而大肠，尤其末段中较为丰富。然而，肠道的微生物组成也会受到饮食、健康状况和其他因素的影响，而不仅仅取决于消化道的结构。

8.2.2 益生菌在不同发育时期的分布规律

尽管益生菌在不同的生命阶段都存在，但肠道微生物群落的组成会受多种因素（如饮食、生活方式、环境等）的影响。因此，良好的饮食习惯和保持健康的生活方式对于维持肠道益生菌的平衡十分重要。益生菌在人体发育不同时期的分布如下。

（1）胎儿期

在胎儿的肠道中，最初是无菌的。然而，一些研究表明，胎儿与母体的微生物交流可能在胎儿期就开始了。

（2）新生儿期

通过分娩过程和母乳喂养，新生儿肠道开始接触到大量的微生物。最初几天，肠道中的菌群主要由厌氧菌、产气菌和嗜酸乳杆菌等组成。母乳中含有丰富的益生菌，通过喂养，这些益生菌逐渐在肠道中建立。

（3）婴儿期

随着婴儿的生长和饮食习惯的改变，肠道的菌群逐渐多样化，多种益生菌逐渐增多并定居在肠道中，起到维护肠道健康的作用。

（4）儿童期和成年期

在儿童期和成年期，肠道的菌群逐渐稳定，并形成个体特异的菌群结构。益生菌如双歧杆菌、乳酸杆菌、枯草杆菌等仍然是主要的益生菌群，它们在维持肠道健康和免疫功能方面起着重要作用。

8.3 肠道益生菌的平衡与失调

8.3.1　肠道益生菌的平衡

肠道益生菌的平衡指的是肠道益生菌的种类和数量处于适当的状态，保持良好的微生态平衡。肠道益生菌平衡对于维持肠道健康、免疫系统健康和整体身体健康至关重要。

① 肠道益生菌能够帮助消化和吸收营养物质，促进肠道蠕动和排便，预防便秘和腹泻等消化问题，降低胃肠道疾病的风险。

② 肠道益生菌能够调节免疫系统的功能，促进免疫细胞的活性和产生抗炎因子。良好的肠道益生菌平衡有助于预防和减轻炎症性疾病和过敏反应。

③ 一些研究发现，肠道益生菌与心脑血管健康息息相关。益生菌有助于降低血压、血脂、血糖水平，改善心脑血管功能，降低心脑血管疾病的发病风险。

④ 肠道益生菌与心理健康息息相关。良好的肠道益生菌平衡有助于改善心理情绪状态，降低焦虑和抑郁症状，缓解压力。

⑤ 肠道益生菌参与能量代谢和体重控制。良好的肠道益生菌平衡有助于调节体内能量平衡，预防代谢类疾病的发生。

因此，维持肠道益生菌的平衡对于人体健康至关重要，有助于维持肠道的正常生理功能、免疫系统平衡和代谢平衡。

8.3.2 影响肠道益生菌平衡的主要因素

影响肠道益生菌平衡的主要因素有饮食习惯、抗生素的使用、肠道感染、环境因素、压力和心理因素等。例如，肠道感染，如细菌、病毒或寄生虫感染，可以干扰正常的肠道益生菌平衡；环境中的细菌、霉菌和化学物质等可能对肠道益生菌产生不利影响；心理压力和焦虑状况可以影响机体肠道功能和菌群平衡，进而引发益生菌平衡失调。此外，某些疾病，如炎症性肠病，以及长期使用非甾体抗炎药、口服避孕药和某些抗癌药物等也可能对肠道益生菌平衡造成不利影响。因此，采取适当的措施来调节这些因素，如改善饮食习惯、合理使用抗生素、减少压力和避免不必要的药物使用等，是维持肠道益生菌平衡的关键。

8.3.3 肠道益生菌平衡失调与疾病的关系

肠道益生菌平衡失调是指肠道中有益菌和有害菌的比例发生变化，导致肠道微生物群落处于不正常状态。肠道益生菌平衡失调可能导致消化不良、免疫系统功能下降、肠道炎症、营养不良等问题。

肠道益生菌平衡失调与多种疾病有关。

（1）消化系统疾病

肠道益生菌平衡失调被认为是许多消化系统疾病的一个关键因素，包括炎症性肠病、肠易激综合征和功能性消化障碍等。这些消化系统疾病可能改变肠道菌群的组成和功能，导致肠道炎症和消化功能紊乱。一项研究发现，通过摄入益生菌，能够减轻腹泻和消化不良的症状。例如，服用含有乳酸杆菌的饮品可以促进肠道菌群的平衡，改善腹泻和消化不良的情况。

（2）免疫系统疾病

肠道益生菌失调与自身免疫性疾病、过敏性疾病等有关，可能导致免疫系统异常活化，引发炎症和免疫异常。大量研究结果证实，益生菌可以增加对抗病原菌的能力，减少感染的风险。特别是婴儿期，益生菌的摄入可以帮助建立健康的免疫系统，预防感染和过敏的发生。

（3）代谢类疾病

肠道益生菌平衡失调与肥胖、糖尿病和脂肪肝等代谢类疾病有关，可能导致能量代谢紊乱、慢性低级炎症和肠道屏障功能受损，进而影响整体代谢健康。

（4）心脑血管疾病

研究表明，肠道益生菌平衡失调可能与心脑血管疾病的发生和发展有关，会导致脂质代谢紊乱、炎症反应和动脉粥样硬化等病理过程。

（5）心理和神经疾病

肠道益生菌平衡失调也与心理和神经疾病（如抑郁症、焦虑症和阿尔茨海默病）有关，可以通过脑-肠轴相互作用，影响神经递质的合成和神经传递，从而影响心理和神经健康。

综上所述，肠道益生菌平衡失调与多种疾病有关，它们之间可能存在复杂的相互关系。因此，了解和调节肠道益生菌平衡失调对于预防和治疗相关疾病具有重要意义。

8.4 益生菌的作用机理与发展前景

益生菌的作用机理包括竞争作用、抗菌物质产生、调节免疫系统、改善肠道黏膜健康、降低炎症、促进营养吸收、调节肠道激素和影响神经系统等多个方面。

（1）竞争作用

益生菌通过竞争有限的生存空间和营养资源，抑制有害菌的生长和繁殖，从而维持肠道微生态平衡。

（2）产生抗菌物质

益生菌可以产生抗菌物质，对有害菌具有抑制作用，进而保护肠道免受有害微生物侵害。

（3）调节肠道免疫系统

益生菌可以刺激肠道黏膜细胞产生免疫球蛋白和其他免疫相关物质，增强肠道黏膜屏障功能，调节免疫系统反应。

（4）改善肠道黏膜健康

益生菌有助于维持肠道黏膜的完整性，增强黏膜的屏障功能，防止有害物质渗透，保护肠道组织免受损伤。

（5）降低肠道炎症

益生菌能够调节炎症反应，降低肠道内炎症水平，减轻肠道黏膜的炎症损伤。

（6）促进营养吸收

益生菌参与食物的分解和发酵过程，有助于促进营养物质的吸收和利用，提高食物的营养价值。

（7）调节肠道激素

益生菌可以影响肠道激素的分泌，调节肠道蠕动和消化过程，维持肠道功能的平衡。

（8）影响神经系统

益生菌可以影响肠道内的神经系统，并对中枢神经系统产生影响，从而调节情绪和行为。

利用益生菌调节肠道菌群的基本原理如下。

（1）改变肠道菌群组成

益生菌可以在肠道中定植并繁殖，与原有的菌群共同生存。通过摄入益生菌，可以增加肠道中有益菌的数量，改变菌群组成，提高有益菌的比例。

（2）抑制有害菌生长

一些益生菌具有抗菌作用，可以通过产生抗菌物质或竞争营养物质和生境来抑制有害菌的生长。

（3）发酵膳食纤维产生有益物质

益生菌能够发酵膳食纤维，产生有益物质。

（4）调节免疫系统

益生菌通过与肠道上皮细胞和免疫细胞相互作用，刺激免疫细胞的活性，增强肠道免疫应答。它们具有调节免疫系统的能力，改善免疫功能，增强身体对病原微生物和环境因素的抵抗力。

（5）维持肠道黏膜屏障功能

益生菌可以通过增强肠道黏膜屏障功能，保护肠道免受有害菌和毒素的侵袭。它们能够增加黏液层的厚度，增强肠道上皮细胞的紧密连接，从而减少肠道黏膜损伤。

目前，益生菌应用仍然存在一些挑战。

① 益生菌产品的质量标准和规范尚不完善，有些产品中的益生菌含量可能与标识不符，这导致了在一些情况下无法获得预期的效果。

② 尽管存在大量的益生菌相关研究，但目前还没有形成一致的临床疗效证据。不同的益生菌品种、剂量和治疗时长可能导致效果的差异，这使得临床应用的指导仍然有局限性。

③ 存在安全性问题。虽然益生菌在大多数情况下被认为是安全的，但对于某些特定人群（如免疫受损人群）的安全性尚不清楚。此外，大剂量的益生菌摄入可能导致不良反应，如腹泻、胀气和腹痛等。

尽管还需克服一些挑战，但随着对肠道菌群和益生菌的深入研究，益生菌调节肠道菌群的应用前景仍然广阔。益生菌的摄入不但可以改善肠道菌群的平衡，提高消化功能，而且增强宿主免疫系统功能。利用益生菌调节肠道菌群，可以提高肠道黏膜屏障的功能，减少病原菌的侵袭，从而降低疾病发生的风险。益生菌在改善免疫功能和调节免疫反应以及治疗心脑血管疾病方面已经展现出应用潜力。在不久的将来，可能开发出能够针对特定免疫性疾病的益生菌产品，用于治疗相关疾病。未来的益生菌应用将更加精细化、个性化，并在肠道健康、免疫调节、心脑血管健康和精神健康等领域发挥更大的作用。益生菌的应用前景也不仅限于医疗领域，还涉及食品工业。为了满足消费者对健康食品的需求，益生菌可能成为各种功能性食品的主要成分之一，以改善肠道健康。此外，随着对益生菌的深入研究，可能还会发现更多新的应用领域和潜在功效。

参考文献

[1] Rooks M G, Garrett W S. Gut microbiota, metabolites and host immunity [J]. Nature Reviews Immunology, 2016, 16(6): 341-352.

[2] Hillman E T, Lu H, Yao T, et al. Microbial ecology along the gastrointestinal tract [J]. Microbes and Environments, 2017, 32(4): 300-313.

[3] Turroni F, Milani C, Duranti S, et al. Bifidobacteria and the infant gut: An example of co-evolution and natural selection [J]. Cellular and Molecular Life Sciences, 2018, 75: 103-118.

[4] Dao M C, Everard A, Aron-Wisnewsky J, et al. Akkermansia muciniphila and improved metabolic health during a dietary intervention in obesity: Relationship with gut microbiome richness and ecology [J]. Gut, 2016, 65(3): 426-436.

[5] Kim Y G, Sakamoto K, Seo S U, et al. Neonatal acquisition of Clostridia species protects against colonization by bacterial pathogens [J]. Science, 2017, 356(6335): 315-319.

[6] Manes N P, et al. Multi-omics comparative analysis reveals multiple layers of host signaling pathway regulation by the gut microbiota [J]. mSystems, 2017, 2(5):e 00107-17.

[7] Xu Y, Xie Z, Wang H, et al. Bacterial diversity of intestinal microbiota in patients with substance use disorders revealed by 16S rRNA gene deep sequencing[J]. Scientific Reports, 2017, 7(1): 3628.

[8] Cryan J F, O' Riordan K J, Cowan C S M, et al. The microbiota-gut-brain axis [J]. Physiol Rev, 2019, 99: 1877-2013.

[9] Zhong D, Wu C, Zeng X, et al. The role of gut microbiota in the pathogenesis of rheumatic diseases [J]. Clinical Rheumatology, 2018, 37: 25-34.

[10] Achtman M, Wagner M. Microbial diversity and the genetic nature of microbial species [J]. Nature Reviews Microbiology, 2008, 6(6): 431-440.

[11] Palleja A, Mikkelsen K H, Forslund S K, et al. Recovery of gut microbiota of healthy adults following antibiotic exposure [J]. Nature Microbiology, 2018, 3(11): 1255-1265.

[12] Bliss E S, Whiteside E. The gut-brain axis, the human gut microbiota and their integration in the development of obesity [J]. Frontiers in Physiology, 2018, 9: 900.

[13] Viaud S, Saccheri F, Mignot G, et al. The intestinal microbiota modulates the anticancer immune effects of cyclophosphamide [J]. Science, 2013, 342(6161): 971-976.

[14] Clarke E, Desselberger U. Correlates of protection against human rotavirus disease and the factors influencing protection in low-income settings [J]. Mucosal Immunology, 2015, 8(1): 1-17.

[15] Leung C, Rivera L, Furness J B, et al. The role of the gut microbiota in NAFLD[J]. Nature Reviews Gastroenterology & Hepatology, 2016, 13(7): 412-425.

[16] Frankel A E, Coughlin L A, Kim J, et al. Metagenomic shotgun sequencing and unbiased metabolomic profiling identify specific human gut microbiota and metabolites associated with immune checkpoint therapy efficacy in melanoma patients[J]. Neoplasia, 2017, 19(10): 848-855.

[17] Zhang Y, Wu S, Yi J, et al. Target intestinal microbiota to alleviate disease progression in amyotrophic lateral sclerosis [J]. Clinical Therapeutics, 2017, 39(2): 322-336.

[18] Tuli H S, Kumar A, Sak K, et al. Gut microbiota-assisted synthesis, cellular interactions and synergistic perspectives of equol as a potent anticancer isoflavone [J]. Pharmaceuticals, 2022, 15(11): 1418.

[19] Meydan C, Afshinnekoo E, Rickard N, et al. Improved gastrointestinal health for irritable bowel syndrome with metagenome-guided interventions [J]. Precision Clinical Medicine, 2020, 3(2): 136-146.

[20] Sommer F, Bäckhed F. The gut microbiota-masters of host development and physiology [J]. Nature Reviews Microbiology, 2013, 11(4): 227-238.

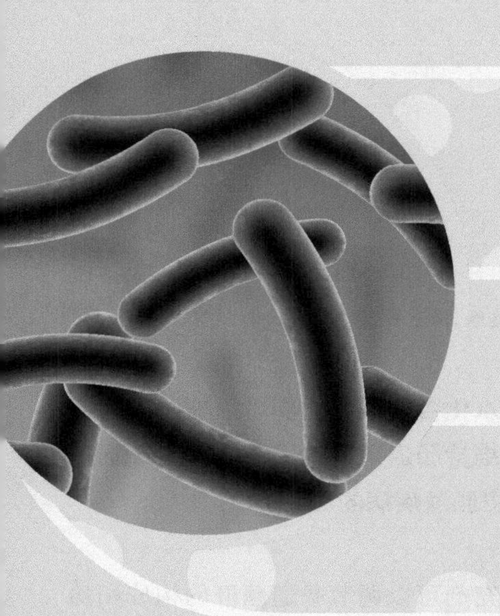

第9章 饮食与肠道菌群

9.1 饮食与肠道菌群的关系

饮食与肠道菌群之间存在密切的相互关系，主要体现在以下几个方面。

（1）膳食纤维

膳食纤维是一类无法被人体消化的碳水化合物，但它们可以被肠道菌群发酵。膳食纤维可以促进有益菌的生长，维持肠道菌群的平衡。膳食纤维的摄入不足可能导致肠道菌群失调，并增加患肠道疾病的风险。

（2）益生菌和益生元

摄入富含益生菌和益生元的食物和补充剂可以调节肠道菌群的构成和功能，维持肠道健康。

（3）营养物质的代谢

肠道菌群可以参与食物中各种营养物质的代谢，如蛋白质、脂肪、碳水化合物和维生素等。它们能够分解和转化这些物质，产生一些有益的代谢产物，如短链脂肪酸等。这些代谢产物对人体健康有重要作用，如维持肠道黏膜屏障功能、调节能量代谢等。

（4）饮食习惯与肠道疾病

不健康的饮食习惯可能导致肠道菌群的异常改变，增加患肠道疾病的风险，如炎症性肠病、代谢综合征等。

9.2 膳食纤维与肠道菌群

膳食纤维是一种碳水化合物，存在于植物性食物中，如水果、蔬菜、豆类等。膳食纤维由多种不同的化合物组成，包括纤维素、半纤维素和果胶等。膳食纤维在人体消化过程中不被消化吸收，而是维持其原始结构，通过肠道进入结肠。膳食纤维可以分为可溶性纤维和不可溶性纤维。可溶性纤维可吸收水分并形成胶状物质，帮助调节血糖水平和胆固醇水平，促进消化和营养吸收。而不可溶性纤维则增加粪便体积，促进肠道蠕动。膳食纤维对人体健康有多方面的益处。首先，它有助于维持健康的消化系统功能，促进消化和排便。其次，膳食纤维可以给人体提供饱腹感，帮助控制食欲，有助于体重管理和预防肥胖。此外，膳食纤维还能帮助调节血糖水平，降低胆固醇水平，预防心脑血管疾病。为了获得足够的膳食纤维，建议增加水果、蔬菜、豆类等富含膳食纤维的食物的摄入。此外，确保足够的水分摄入也有助于膳食纤维发挥其正常功能。如果需要，还可以考虑使用膳食纤维补充剂，但最好在医生或营养师的指导下进行。

膳食纤维与肠道菌群之间存在密切的关系。当人体摄入膳食纤维时，它会被一部分肠道菌群中的细菌发酵，这个过程称为益生发酵。膳食纤维的益生发酵会产生大量的短链脂肪酸（SCFAs），如丙酸、丁酸和乙酸。这些SCFAs对人体有多种好处，包括提供能量、调节免疫系统、维持肠道黏膜健康等。此外，膳食纤维还可以帮助维持良好的肠道菌群平衡，减少有害菌的生长。膳食纤维的摄入与肠道菌群的多样性密切相关，膳食纤维的摄入越多，肠道菌群的多样性就越高。总之，膳食纤维与肠道菌群之间的互动是肠道健康的重要组成部分。

膳食纤维调节肠道菌群的主要策略包括以下几个方面。

（1）多样化膳食

多种膳食纤维来源可以提供不同类型的纤维和营养物质，有助于维持肠道菌群的多样性。

（2）适量增加膳食纤维摄入

每日摄入25 ～ 30g膳食纤维有助于维持肠道菌群的平衡。应逐渐增加膳食纤维的摄入量，以给肠道菌群一个适应的过程，避免突然增加纤维摄入量导致不适。

（3）摄入可溶性纤维和不可溶性纤维

可溶性纤维和不可溶性纤维对肠道菌群的影响略有差异。适当摄入两种纤维类型的食物，以满足菌群的多样性。

（4）避免过度加工食物

过度加工的食物通常会削弱纤维的含量和质量，因此尽量选择天然的、未经过度加工的食物，以确保膳食纤维的摄入。

膳食纤维可以有效促进益生菌的生长和增殖。例如，大蒜和洋葱含有益生元，有助于促进有益菌群的生长。此外，膳食纤维的摄入还可以与益生菌、益生元的使用结合起来可以更好地调节肠道菌群，促进有益菌群的生长，抑制有害菌群的增殖。例如，酸奶、酵素乳、酸黄瓜等含有活性益生菌，与膳食纤维同时使用有助于维持肠道菌群的平衡。

膳食纤维作为一种重要的营养物质，对于维持肠道健康起着至关重要的作用，但是目前仍存在一些问题需要解决，以更好地发挥膳食纤维对肠道菌群的调节作用。

首先，膳食纤维摄入量不足的问题仍然普遍存在。许多人的日常饮食中缺乏足够的膳食纤维，主要是因为过多使用精加工食品和快餐食品，而这些食品往往膳食纤维含量较低。这导致人们在摄入营养的同时，肠道菌群的平衡也受到了影响。

其次，一些人对膳食纤维过敏或不耐受。尽管膳食纤维对于大多数人来说是安全和有益的，但某些人可能对特定类型的纤维产生不良反应，如腹胀、腹泻等。这些人可能需要针对个体情况进行定制化的膳食纤维摄入方案。

此外，不同类型的膳食纤维对肠道菌群的调节作用可能有所不同。我们需要更深入地研究来了解不同纤维的功能和效果，从而能够根据需要选择合适的膳食纤维来促进肠道菌群的平衡。

最后，虽然膳食纤维对于肠道菌群的调节作用已经得到广泛认可，但我们仍然需要深入探究其更深层次的作用机制。了解膳食纤维对肠道菌群的具体影响方式和相关的分子机制，将有助于我们更好地了解膳食纤维与肠道健康之间的关系，并为开发更有效的调节肠道菌群的策略提供科学依据。

总之，膳食纤维调节肠道菌群的问题在于膳食纤维摄入不足、个体不耐受性、不同类型膳食纤维的差异以及对其调节机制的认识尚不完全，解决这些问题需要进一步的研究。

膳食纤维调节肠道菌群的应用前景非常广阔，以下是一些膳食纤维调节肠道菌群的应用前景。

（1）促进肠道健康

膳食纤维可以被肠道中的益生菌利用生长，有利于维持肠道菌群的平衡，降低有害菌的数量，从而保护肠道黏膜，预防肠道疾病。

（2）提高免疫力

肠道菌群的平衡与免疫系统的功能密切相关，膳食纤维有助于调节肠道免疫应答，促进免疫系统的发育和功能，提高机体的免疫力，有助于预防炎症和自身免疫性疾病。

（3）控制体重

膳食纤维能够增加饱腹感，降低食欲，减少能量摄入，有助于控制体重。此外，膳食纤维也能影响肠道菌群的代谢功能，调节脂肪吸收和燃烧，对于防治代谢类疾病具有重要意义。

（4）预防心脑血管疾病

一些研究表明，膳食纤维可以降低血脂，改善血糖控制，有助于预防高血压、高血脂等心脑血管疾病。肠道菌群的平衡也与心脑血管健康密切相关，膳食纤维通过调节肠道菌群可能对心脑血管疾病有一定的保护作用。

膳食纤维调节肠道菌群的应用前景广阔，进一步的研究和开发将有助于更好地发挥膳食纤维在调节肠道菌群中的作用，并为相关疾病的预防和治疗提供新的方法和途径。

9.3 营养物质代谢与肠道菌群

肠道菌群在人体内起着重要的营养物质代谢作用，主要体现在以下几个方面。

（1）纤维素降解

人类体内无法消化纤维素，但肠道菌群中的一些细菌可以分解纤维素，并产生短链脂肪酸（SCFAs），这些SCFAs被吸收后可提供能量，并对肠道健康和免疫功能具有益处。

（2）蛋白质代谢

肠道菌群中的菌种可以分解蛋白质并产生氨基酸。这些氨基酸可以被人体吸收并用于合成身体组织和酶等重要物质。

（3）脂肪代谢

某些肠道细菌可以帮助消化和吸收脂肪。它们分解脂肪并产生胆酸，而胆酸有助于脂肪的消化和吸收。

（4）维生素合成

肠道菌群中的一些菌种可以合成多种维生素，如维生素K和维生素B。这些维生素对于维持人体的正常生理功能非常重要。

（5）药物代谢

某些肠道菌群菌种对药物的代谢具有影响，它们可以改变药物的活性、吸收和排泄，从而影响药物的疗效。

（6）毒素代谢

肠道菌群中的一些菌种可以分解一些有害物质，如硝酸盐和多环芳烃等，减少其对人体的毒性作用。

通过调节营养物质的摄入和代谢，可以间接地调节肠道菌群的平衡和多样性。以下是一些利用营养物质代谢来调节肠道菌群的方法。

（1）摄入预生物

预生物是一类可被肠道菌群发酵利用的营养物质，可以促进有益菌的生长。常见的预生物包括乳果糖、菊粉和阿拉伯糖等。通过摄入含有预生物的食物或补充剂，可以促进肠道菌群的平衡和多样性。

（2）摄入益生菌

益生菌是一类有益于人体健康的微生物。通过摄入含有益生菌的食物，如酸奶、发酵食品等，可以补充肠道中的益生菌数量，从而调节肠道菌群的平衡。

（3）补充营养素和微量元素

一些营养素和微量元素对于肠道菌群的平衡至关重要。例如，维生素D、维生素C、锌、铁和硒等都对肠道菌群的正常功能具有影响。适当补充这些营养素和微量元素，有助于维持良好的肠道菌群状态。

（4）选择健康的脂肪来源

饮食中的脂肪类型也会对肠道菌群产生影响。一些研究表明，饱和脂肪酸和反式脂肪酸可能对菌群产生负面影响，而多不饱和脂肪酸和单不饱和脂肪酸则可能对菌群有益。因此，选择健康的脂肪来源，如橄榄油、鱼类等，有助于调节菌群。

尽管利用营养物质代谢调节肠道菌群可以带来一些益处，但也存在一些问题。主要体现在以下几个方面。

① 受到基因、环境和生活方式等多种因素的影响，每个人的肠道菌群组成具有明显的差异。因此，同样的营养物质摄入可能对不同的人产生不同的效果，针对个体的营养调节策略可能需要更加个体化。

② 尽管有一些研究支持营养物质代谢在调节肠道菌群方面的作用，但现有研究结果还不够一致。目前尚需要更多的研究来验证和进一步了解这种调节机制。

③ 肠道菌群是一个复杂的系统，肠道菌群中的微生物之间、微生物与宿主之间存在着复杂的相互作用。营养物质的代谢调节仅仅是影响菌群的一个

方面，其他因素如药物使用、免疫状态等也可能会对菌群产生影响。因此，单凭营养物质调节可能无法全面地调节肠道菌群。

④ 尽管目前一些利用营养物质调节菌群的研究表现出一些潜在的益处，但其长期效果和安全性仍需进一步研究和验证。一些营养物质可能在高剂量下引发不良反应，如腹泻、胀气等。

总之，利用营养物质代谢调节肠道菌群是一个有潜力的方法，但仍面临一些问题和挑战。更多的研究是必要的，以确保该策略的安全性和有效性。在调节肠道菌群的同时，均衡和多样化的饮食仍然是维护肠道健康的重要基础。

利用营养物质代谢调节肠道菌群具有广阔的应用前景。

① 通过调节营养物质代谢，可以影响菌群的组成，从而维护肠道健康。这对预防和管理肠道疾病具有潜在的应用价值。

② 通过了解个体的菌群组成和代谢特征，可以进行个性化的营养指导和干预。将个体的菌群特征与适当的营养物质调配相结合，可以优化营养摄入，提高个体的健康状况。

③ 通过调节菌群的代谢功能和产生的代谢物，可能有助于改善一些与脑-肠轴相关的疾病，如焦虑、抑郁和认知功能障碍等。

④ 基于肠道菌群的调节机制，可以研发各种营养制剂，这些制剂可以提供针对个体的定制营养支持，从而改善肠道健康。

9.4 饮食习惯与肠道疾病预防

饮食习惯与肠道疾病之间存在着紧密的关联。不良的饮食习惯可以增加患肠道疾病的风险，而良好的饮食习惯则有助于预防和管理肠道疾病。以下是一些常见的肠道疾病与饮食习惯之间的关系。

① 饮食在IBD的症状控制中起着重要的作用。高脂饮食、高糖饮食和过度摄入加工食品等不健康的饮食习惯与增加患IBD的风险有关。相反，富含膳食纤维、抗氧化剂和益生菌的饮食则有助于炎症性肠病的症状缓解和预防。

② 肠道感染。不洁食物、生食、不安全的饮用水和不洁卫生习惯等是

导致细菌性痢疾、沙门氏菌感染等的主要原因之一。充分烹调食物、避免生食、保持饮食卫生和饮用干净的水源是预防肠道感染的重要措施。

③ 便秘和腹泻。低纤维饮食、饮水不足和缺乏运动等不良习惯会导致便秘。摄入足够的膳食纤维、保持充足的饮水和积极的运动习惯可以预防和缓解便秘。腹泻可能与某些食物不耐受、食物中毒或感染有关，因此养成良好的卫生饮食习惯和确保食物安全非常重要。

总之，饮食习惯对肠道疾病的预防和管理至关重要。保持均衡、多样化和营养丰富的饮食，减少不健康食物的摄入，保证食品的安全卫生并保持适度的饮水量，有助于维护肠道健康。

下面是一些通过调节饮食习惯治疗肠道疾病的主要策略。

（1）高纤维饮食

增加蔬菜、水果、全谷类食物等富含纤维的食物摄入，有助于促进肠蠕动，预防便秘，并维持肠道健康。

（2）避免触发物

一些肠道疾病（如肠易激综合征、克罗恩病等）可能对某些食物更敏感。通过观察和记录饮食与症状之间的关系，可以确定触发物并避免其摄入，以减轻症状。

（3）简化饮食

对于某些肠道疾病（如肠易激综合征），过多的脂肪、咖啡因、辛辣食物等可能刺激肠道，导致症状加重。减少或避免这类食物的摄入，可以缓解症状。

（4）注意饮食平衡

保持良好的饮食平衡对肠道健康非常重要。摄入足够的营养，如蛋白质、碳水化合物、健康脂肪、维生素和矿物质，以维持免疫系统和肠道黏膜的功能。

（5）增加益生菌和益生元的摄入

益生菌和益生元有益于维持肠道微生物的平衡，促进消化和吸收，从而有助于肠道健康。

（6）保持充足水分的摄入

充足水分的摄入有助于预防便秘，保持肠道润滑，并促进消化。

尽管调节饮食习惯在治疗肠道疾病方面起着重要作用，但也存在一些问题。

① 鉴于肠道疾病的个体差异性，需要针对不同情况制定个性化的饮食方

案。同样的食物对于不同的人可能具有不同的效果，因此需要根据个体的需求和反应来优化饮食。

② 某些患者可能对特定食物过敏或不耐受，因此需要排除触发物。然而，确定特定食物是否引起症状可能存在困难，可能需要进行食物挑战测试或使用其他诊断方法来确认食物的耐受性。

③ 尽管有一些研究关注饮食与肠道健康之间的关系，但对于某些肠道疾病，目前仍缺乏明确的科学证据支持特定饮食策略的效果。

④ 某些饮食限制可能对患者的生活质量造成负面影响。过度限制饮食可能导致营养不良，同时可能会增加患者的焦虑和社交障碍。

⑤ 尽管患者可能意识到饮食对于肠道健康的重要性，但他们也可能难以坚持长期的饮食调整。因此，改变饮食习惯需要自律，对于一些人来说可能是一项挑战。

利用调节饮食习惯治疗肠道疾病的应用前景是非常期待的。

（1）饮食与肠道健康的科学证据

越来越多的研究关注饮食与肠道健康之间的关系，不断发现新的证据。随着研究的深入，我们可以更好地了解特定食物和饮食模式对于肠道疾病的影响，以及其作用机制。这将有助于制定更科学的饮食策略，个体化地应用于患者的治疗。

（2）微生物与饮食的关系

肠道微生物在肠道健康中起着重要作用。未来的研究将进一步深入探索肠道微生物与饮食之间的相互作用，并发展相应的饮食策略，以调节肠道微生物的平衡，促进健康。

（3）个体化饮食

随着科技的进步，例如基因检测和代谢指标监测的发展，个体化饮食的应用前景将更加广阔。通过了解个体的基因组、代谢特征和饮食反应，可以制定更准确和有效的饮食调节计划，以满足不同个体的特定需求。

（4）加强教育和增强意识

饮食在肠道健康中的重要性正在逐渐被认识到，未来的趋势是加强教育和增强意识。医生、营养师和其他专业人士将更加重视饮食的治疗作用，向患者提供更全面和具体的饮食指导。

（5）综合治疗方法

除了饮食，将来的治疗方法可能会集成多种途径，包括药物治疗、手术、心理支持等。饮食调节将成为整体治疗计划的一部分，与其他治疗策略相结合，最大限度地提高治疗效果。

综上所述，利用调节饮食习惯治疗肠道疾病的应用前景非常广阔。随着研究的不断深入和技术的进步，将为肠道疾病患者带来更好的治疗效果。

参考文献

[1] Galland L. The gut microbiome and the brain [J]. Journal of Medicinal Food, 2014, 17(12):1261-1272.

[2] David L A, Maurice C F, Carmody R N, et al. Diet rapidly and reproducibly alters the human gut microbiome [J]. Nature, 2014, 505(7484):559-563.

[3] Wu G D, Chen J, Hoffmann C, et al. Linking long-term dietary patterns with gut microbial enterotypes [J]. Science, 2011, 334(6052):105-108.

[4] Zmora N, Suez J, Elinav E. You are what you eat: Diet, health and the gut microbiota [J]. Nature Reviews Gastroenterology & Hepatology, 2019, 16(1):35-56.

[5] Sonnenburg J L, Bäckhed F. Diet-microbiota interactions as moderators of human metabolism [J]. Nature, 2016, 535(7610):56-64.

[6] O' mahony S M, Clarke G, Borre Y E, et al. Serotonin, tryptophan metabolism and the brain-gut-microbiome axis [J]. Behavioural Brain Research, 2015, 277:32-48.

[7] Holmes E, Li J V, Marchesi J R, et al. Gut microbiota composition and activity in relation to host metabolic phenotype and disease risk [J]. Cellular Metabolism, 2012, 16(5):559-564.

[8] Boursier J, Mueller O, Barret M, et al. The severity of nonalcoholic fatty liver disease is associated with gut dysbiosis and shift in the metabolic function of the gut microbiota[J]. Hepatology, 2016, 63(3):764-775.

[9] Qin J, Li Y, Cai Z, et al. A metagenome-wide association study of gut microbiota in type 2 diabetes [J]. Nature, 2012, 490(7418):55-60.

[10] Menni C, Jackson M A, Pallister T, et al. Gut microbiome diversity and high-fibre intake are related to lower long-term weight gain [J]. International Journal of Obesity, 2017, 41(7):1099-1105.

[11] Turnbaugh P J, Ridaura V K, Faith J J, et al. The effect of diet on the human gut microbiome: A metagenomic analysis in humanized gnotobiotic mice [J]. Science Translational Medicine, 2009, 1(6):6ra14.

[12] Rapozo D C M, Bernardazzi C, de Souza H S P. Diet and microbiota in inflammatory bowel disease: The gut in disharmony [J]. World Journal of Gastroenterology, 2017, 23(12): 2124.

[13] Mihaylova M M, Stratton M S. Short chain fatty acids as epigenetic and metabolic regulators of neurocognitive health and disease//Nutritional Epigenomics[M]. Academic Press, 2019: 381-397.

[14] Diether N E, Willing B P. Microbial fermentation of dietary protein: An important factor in diet-microbe-host interaction [J]. Microorganisms, 2019, 7(1): 19.

[15] Mandal S, Godfrey K M, McDonald D, et al. Fat and vitamin intakes during pregnancy have stronger relations with a pro-inflammatory maternal microbiota than does carbohydrate intake [J]. Microbiome, 2016, 4: 1-11.

[16] Zhernakova A, Kurilshikov A, Bonder M J, et al. Population-based metagenomics analysis reveals markers for gut microbiome composition and diversity [J]. Science, 2016, 352(6285): 565-569.
[17] de Filippis F, Pellegrini N, Vannini L, et al. High-level adherence to a Mediterranean diet beneficially impacts the gut microbiota and associated metabolome [J]. Gut, 2016, 65(11):1812-1821.
[18] Bervoets L, van Hoorenbeeck K, Kortleven I, et al. Differences in gut microbiota composition between obese and lean children: a cross-sectional study [J]. Gut Pathogens, 2013, 5: 1-10.
[19] Wu H, Tremaroli V, Schmidt C, et al. The gut microbiota in prediabetes and diabetes: A population-based cross-sectional study [J]. Cell Metabolism, 2020, 32(3): 379-390.
[20] Shikany J M, Demmer R T, Johnson A J, et al. Association of dietary patterns with the gut microbiota in older, community-dwelling men [J]. The American Journal of Clinical Nutrition, 2019, 110(4): 1003-1014.

后记

本书深入探讨了微生物菌群与人类健康之间的紧密联系。微生物菌群是存在于我们体内的无数微小生物的集合体，包括细菌、真菌和病毒等。它们居住在我们的肠道、皮肤、口腔等部位，并与我们的身体密切互动。微生物菌群对我们的健康有着深远的影响。它们参与我们的消化、免疫系统调节、维生素合成等重要生理过程。不仅如此，微生物菌群还与各种疾病的发生和发展密切相关，如肥胖、炎症性肠病、心脑血管疾病等。饮食是影响微生物菌群健康的重要因素之一。我们的食物选择决定了我们体内微生物的多样性和微生物的丰度。高纤维、低糖分的饮食有助于维持肠道微生物菌群的平衡和多样性。相比之下，高脂肪、高糖分的饮食可能导致肠道微生物菌群失调，并增加患慢性疾病的风险。此外，我们还注意到生活方式对肠道微生物菌群的影响。充足的睡眠、减少压力、合理运动等都有益于维持肠道微生物菌群的健康。虽然我们的研究仍处于起步阶段，但已经产生了许多令人振奋的成果。为了更好地了解微生物菌群与人类健康之间的关系，跨学科研究势在必行。医学、生物学、营养学等领域的专家需要通力合作，共同探索微生物菌群与健康之间的细微联系。我们对于微生物菌群研究的未来充满信心，相信随着我们的深入了解，微生物菌群的调节将成为预防和治疗许多疾病的新途径。本人期待通过进一步的研究和实践，为人类健康带来更多的福祉。最后，我想对所有参与该书撰写的人员表示衷心的感谢。没有你们的努力和热情，这本书将不能完成。同时，还要感谢那些一直支持我们的读者和同行，希望这本书能为你们提供有价值的信息。愿我们的努力能够推动微生物菌群健康研究的进展，为实现人类的健康福祉作出贡献！谢谢。